前田太太の幸福料理

TVBS 資深製作人
方念華

推薦序｜一期一會後的餘韻與溫馨

日文裡有句話：「一期一會」，意思應該是珍惜人生每一次相遇的緣分，哪怕，生命中一會成記憶，記憶變永恆。

前田先生和前田太太珠惠姐，是我們〈看板人物〉的來賓，90%的節目來賓對我而言，正是「一期一會」。但是珠惠姐不同，因為她在花蓮有「伊万里民宿」，讓人念念難忘。更因為珠惠姐和前田先生，總是透過他們親手烘焙的戚風蛋糕、香蕉蛋糕、好吃的花蓮蜜花生、出自伊万里廚房獨有的自製果醬……，讓我和團隊不斷不斷地接收到「一期一會」之後綿綿的餘韻與溫馨。讓我記起，這位從台北到東京、東京回台灣，最後落腳花蓮的奇女子，用她大半生的聰慧和意志力，成就了現在人生最寫意的篇章。

讀珠惠姐寫的書，就是分享她生命裡的點滴養分，融會進自己的心裡。在已逝的美食家、生活家韓良露的書中，曾經讀過：「好吃的料理，必定來自一顆愉快的心。」珠惠姐的前半生，一如她第一本著作《前田太太撫慰人心的幸福料理》描述的，是生活優渥的金枝玉葉，這段少女時光，留在她血液裡的，是對「美好」的理解和讚嘆。因此，即使在最簡單的小事上，都知道增添「美感」帶來的莫大愉悦！

如果不是身心靈涵泳在這樣的養分裡，珠惠姐不會有匠心獨具的「京便當」！她的蛋糕、她的京便當、每次遞給我時，總是用美麗的花布巾，從四角工整地摺起，牢牢包住。猶如把一朵盛開的花，送到人手心！除了珠惠姐，我從來不曾收到任何花布巾禮盒。

這次在她的新書裡，珠惠姐細心地把她拿手的家常菜，一張張拍照、一份份烹調，要分享給很多不曾從簡單料理當中，體會到飲食快樂的人。帶著一份「為人開心」的心境，親手下廚，正是珠惠姐的每一道菜餚、每一盤餐點，教人吃起來意猶未盡的原因……。

更不用說，珠惠姐人生中另一個重要身分──前田太太，推動著她！必須要把可口的日本家常料理，帶進我們一般人家裡的餐桌，就像前田太太一樣，將近三十年的異國婚姻，憑著她以滿懷的愛，跨過一道道原先意料的藩籬，最後，前田太太能端出整桌「伊万里」料理；前田先生能拿到台灣的烘焙執照，做出夢幻美味的戚風蛋糕！

料理，就是人生。冷暖苦甜，在參插對比下，才更能突顯原味！珠惠姐分享料理，就在分享人生。

祝福繼續往下翻開每一頁的讀者，都能夠因為這本書，走進珠惠姐的生命之旅，看到她沿路美好的風景，體會到她越走越寬闊的人生視野，而這一切，都融入了她烹調的滋味。

| # 料理，是傳遞愛的最好方式

前田太太
王珠惠

感謝父母讓我有一個從小不愁吃穿的成長環境，少女時期更吃遍了台北市各大餐館與飯店，我從小就有對追求美食的嚮往，也曾在國小時就大膽地自己上市場採買、下廚，想要模仿出曾經吃過，但家裡餐桌絕不會有的外省美味，但這些終歸都是玩票性質。年輕時我對學習料理這件事，並沒有認真下過功夫，加上第一段婚姻短暫卻混亂，讓我心力交瘁，最後更是遠赴日本，離開台灣傷心地。

到了日本，邊念書邊打工，為了維持生計，每天都是咬牙過日子，那時候吃得最多的是苦吧！嫁給前田先生後，小家庭生活簡單，我開始有多餘的時間去學習、研究料理，但總是因為自己想做就做、從未思考太多的個性使然，鬧了許多笑話。身為日本人妻，卻對日本食材一竅不通，有次甚至將昂貴的「數の子」（鯡魚子）直接用水煮開，結果竟然浮出一層可怕的油脂，勉強試吃一口，差點沒吐出來，跟我印象中爽脆的口感天差地遠，白白浪費食物。前田先生不懂料理，我隻身在外也沒什麼親友，只好繳了學費，去自由之丘的「魚菜學園」學習日本家庭料理，經過三個月，總算有點日本人妻的樣子。

後來促使我開始認真研究料理的轉折，是一向不在身邊的孩子，在一些因素下回來了──包括前田先生與前妻的兒子，以及我在台灣的雙胞胎兒子。家裡突然多了三個青春期的叛逆大男孩，加上孩子長久未與父母同住，現在又要接納沒有血緣關係的手足，剛開始是一團亂！但氣氛再不好總要吃飯吧，我發現如果餐桌上有孩子們愛吃的料理，他們的情緒就會比較緩和，加上青春期的男孩食量大、吃得多，我突然想到用食物來「拉攏人心」應該會是個好方法。於是我買了許多料理書籍、每天按時收看烹飪節目，終日穿上圍裙在廚房裡研究各種孩子會喜歡的食物，一次又一次試驗，就為了看到孩子們吃飯時滿足的神情。孩子雖然看起來還是彆扭，但我發現他們的眼神，已經變得不一樣了。

曾經因為不得已的狀況，我在親職的角色上缺席了一段時間，孩子回到我身邊後，我努力想要彌補，試過各種方法，原來打造一個充滿愛的餐桌，是最直接有效的方式。以前，我嘗試自己做料理，是因為愛吃，後來，我做料理的動力是來自家人。很多人問我，到底要怎麼做料理才會好吃？我覺得，可以把料理做得好吃的方法有很多，烹飪的學問一輩子也學習不完，但只要有愛，料理就會變得好吃，因為「想要看到某個人滿足的神情」這樣的心意，會一直推著你向前進，有愛，自然會想要下功夫，然後不斷地精進。

有愛的料理，即使再簡單，也能吃得出來。

目錄

日式廚房學堂

日本キッチン教室

烹調常用名詞

汆燙
用水將食材快速燙熟,以便進行後續料理工作。有時會在水裡加一點鹽,保持青菜的色澤。

冰鎮
把生菜或燙熟的食材放到泡了冰塊的開水中,透過冰涼感讓食材增加清脆口感或降溫避免過熟。

拌炒
用筷子或鍋鏟,將鍋子裡的食物稍微翻勻攪拌。通常是分次加入食材時,拌炒一下讓材料混合。

收汁
烹煮帶有醬汁的食物,希望讓醬汁煮到濃稠,讓食材更入味時,蓋上有氣孔的鍋蓋,讓水蒸氣易於蒸發,加速收汁。

計量＆調味

1 大匙:為平常最常用的鐵湯匙的量。

1 小匙:為喝咖啡或茶時,所用的攪拌湯匙的量。

少許:用食指跟大拇指輕輕一捏的量。

適量:下了上述少許調味之後,試味道,如不足再增加少許的量。

1 大把:以食指跟姆指最大能握起的量。

1 小把:以四指指尖碰到虎口處的量。

疊煮

因每種食材受熱性與煮熟的時間不一樣，透過疊煮方式，把耐煮的食材放在最下方，再依易熟程度依序把食材疊入。通常是在煮壽喜燒時，先在鍋底放入青菜或其他食材，再把肉鋪上去，避免肉直接接觸鍋子導致過熟。

網烤

日本家庭習慣用一個小炭盆烤魚，在台灣為了方便，只要直接購買烤網，架在瓦斯爐上也有同樣效果。比起用烤箱，食物可以烤得更乾、更香，表面也會更漂亮。

乾炒

是指熱鍋後不放油，直接將食材放入炒香，通常用來炒香芝麻或花生，要注意火候以免不小心燒焦。

二次油炸

先以中小火將食材炸至八分熟，撈起濾油後，再回鍋用大火將表面炸得酥脆，同時逼出內部多餘油脂，會讓炸物吃起來更爽口。

各種常備工具

鍋具

鍋子種類非常多，選到對的鍋子，是料理能成功的關鍵因素之一，日本料理較少大火快炒，大部分的料理幾乎都可以用平底鍋來完成。以下介紹普遍最常使用的不沾鍋、不鏽鋼鍋和鐵鍋。

①不沾鍋：不易沾黏且使用便利，以特殊塗料做處理，因此使用上最怕刮出刮痕讓塗料外露，影響安全。使用不沾鍋要選擇木頭或耐熱砂膠材質製作的鍋鏟，避免用尖銳的鐵鏟或叉子。在拌炒過程儘量讓火力保持在中火或小火，避免空燒，清洗時避免用鋼刷或菜瓜布刷洗。

②不鏽鋼鍋：以不鏽鋼為材質，堅固耐用，適合用來快炒，料理時需注意食材熟成狀況跟火候的掌控，才不容易沾黏或燒焦。

③鑄鐵鍋／鐵鍋：常見的有日本著名的南部鐵器，或是目前很流行的鑄鐵鍋，使用上較厚重、難操作，但加熱均勻且保溫性

佳。使用時需注意食材熟成狀況跟溫度的掌控，來達到不沾黏的效果。

刀具

日本料理中會特別講究的，就是切魚的刀具，但一般小家庭比較沒有機會在家自行處理，都可請魚販代勞，因此只要準備兩把料理刀，將生食和熟食分開使用即可。另外請準備一把好用的料理剪刀，用來處理乾燥的食材如昆布、魚乾時非常好用。

研磨工具

在日式料理中有時會需要將食材搗碎後混合，因此只要準備一個簡單的小的研磨皿。或是直接使用刀背做拍、敲的動作也可，但一定要特別注意安全。

濾網

汆燙完食材後可幫助迅速撈起，或是將食材泡水後可方便瀝乾，可依使用需求選擇適合的尺寸。另外也可準備一個專門瀝油的濾網，處理油炸食物。

食材的處理與保存

禽畜肉類

從市場買回來的肉要立刻冷藏保存,使用前再以清水沖洗,最好可以用流動的清水沖洗,盡量去除血水,但應避免浸泡以免失去口感。洗好後,以廚房紙巾吸乾水分。如要冷藏保存,用保鮮袋分片包裝,或分裝成一次要用的量。

魚蝦蛤蜊類

在市場先請魚販將魚鱗、內臟處理乾淨,在大型超市購買的魚類,通常都已經處理好了。魚肉除非是要冷凍保存,否則盡量只買一次需要的量,最好兩天內料理完,不可存放太久。蛤蜊買回後先冷藏保存,使用前先泡鹽水吐沙,外殼要稍微費力清洗乾淨。

蔬菜根莖類

蔬菜的老化或爛葉要先拔除,把根部泥沙稍微拍除,擦乾淨之後以保鮮袋或白報紙包好,放冷藏保存,不要先洗好再冰,蔬菜會容易腐壞。根莖類不需要冷藏,放陰涼處保存就好,但馬鈴薯買回後不要放太久,以免長芽。

調味料研究室

　　一般日本的家庭菜，必須用到的調味料不外乎是醬油、酒、味醂、柴魚高湯、味噌、鹽、胡椒、糖等，利用這些材料依自己喜歡的鹹淡去調味。我剛嫁作日本人妻時，因為過去很少下廚，實在搞不懂這些調味料的使用方法，前田先生又不喜愛外食，因此我特地到料理補習班去學習日本料理，從一般的家常菜開始學起。

　　在學習中，發覺日本料理太適合小家庭了，因為油煙少，省了很多清潔廚房的工作，對我這種不擅長家務的人而言，實在是太完美又很人性化的烹調方式。日本料理重擺盤，這一點又很能吸引喜愛畫畫、重視美感的我，從此以後我就陷入日本料理的世界。每次做菜對我來言，變成是大人玩扮家家酒，各種調味料就是神奇的魔法材料，衷心推薦大家試試看學著做簡單的日本家庭菜，除了能學到美味料理之外，還可以學到很多生活美學。對我來說，做料理更是改變了我的人生！

　　以下介紹幾種生活中會用到的基本調味組合，這些組合是各種風味的基本的元素，只要包含這些調味，基本風味就有了，雖然我已幫大家做好基礎的分類，請不要被設限，可再依照個人需求與料理難易度自行變化，創造屬於自己的獨特口味。

料理初階適用

適合料理新手或新婚人妻

料理中階適用

再加這些，拓展料理的口味

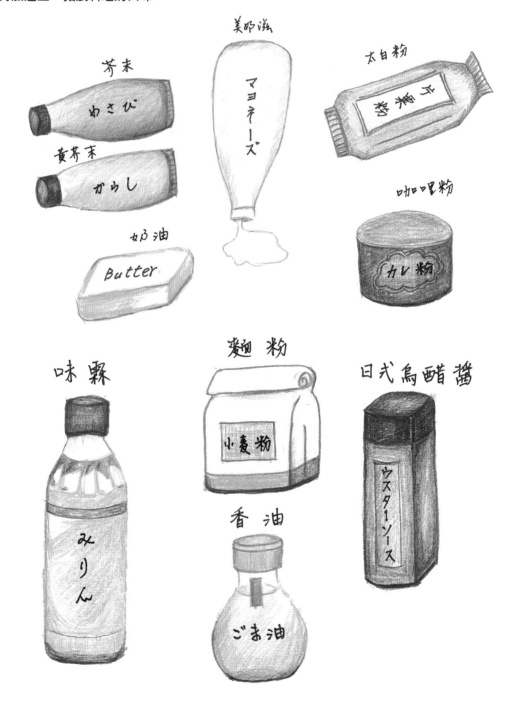

料理高階適用

邁向專業，引出料理的深奧

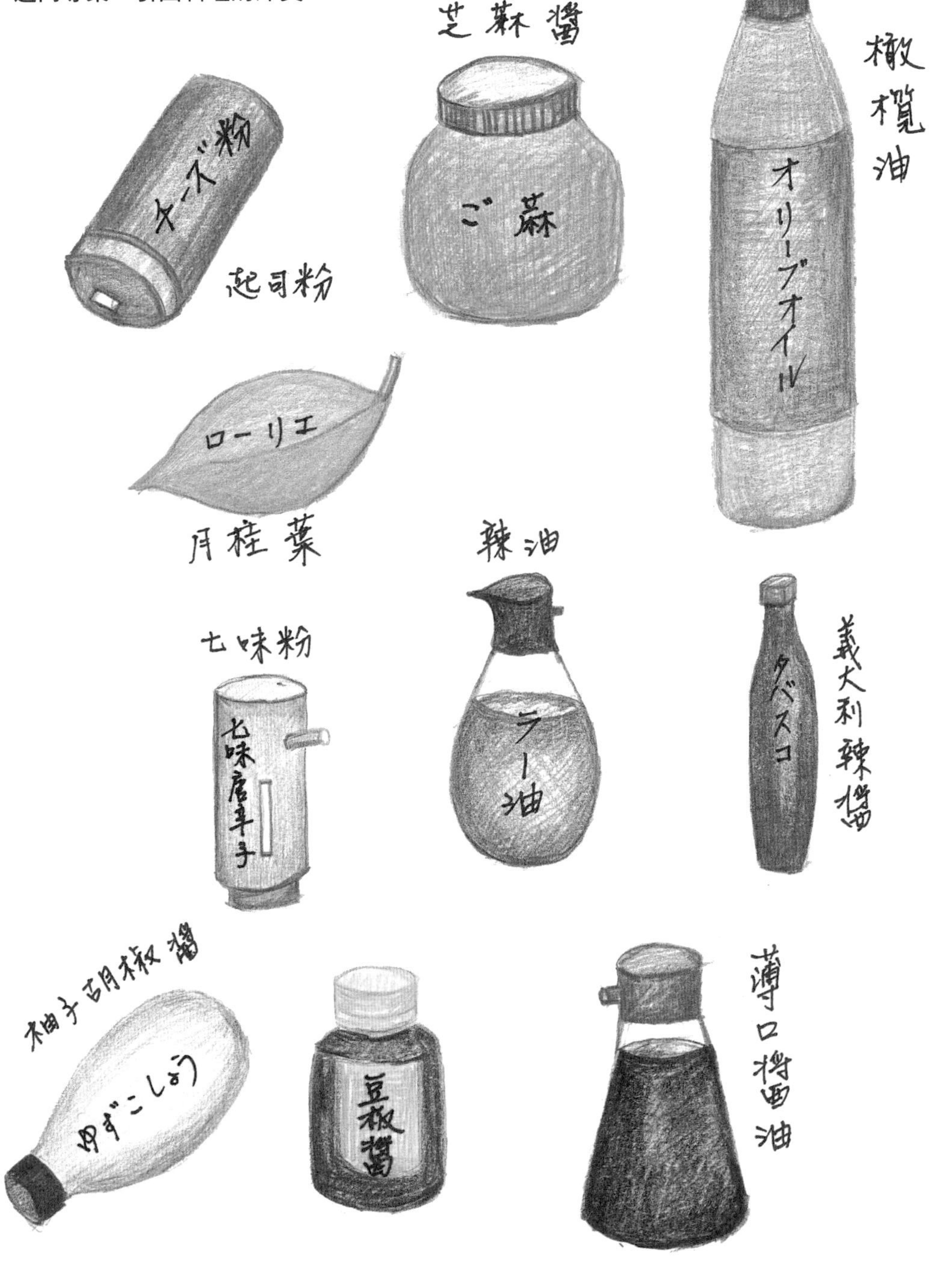

起司粉
チーズ粉

芝麻醬
ご 麻

橄欖油
オリーブオイル

月桂葉
ローリエ

七味粉
七味唐辛子

辣油
ラー油

義大利辣醬
タバスコ

柚子胡椒醬
ゆずこしょう

豆板醬

薄口醬油

飯的藝術

ご飯

日本米飯看起來粒粒分明、晶瑩透亮，吃起來 Q 彈有嚼勁，除了稻米的品種，「洗米」及「水分控制」是最重要的關鍵。洗米的方法決定口感，不用日本米也能煮出好吃的飯。

ご飯

煮出 Q 彈米飯

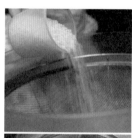

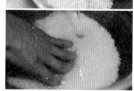

洗米步驟

1　量好所需的米，放入套了網篩的鍋中。

2　在水龍頭底下用清水沖洗，雙手捧起米粒輕搓。約搓洗 30 下後拿起網篩，將變濁的洗米水倒出。

3　接著持續注入清水，重複②相同的搓洗動作，一直到洗米水呈現清澈為止。洗好米後，必須將米粒完全濾乾，才不會讓過量的水分影響口感。

量水煮飯

1　量水時，水跟米的比例，通常是 1 公克的米對 1cc 的水，最簡單的測量就是一杯米用一杯水。若是使用新米，因米本身富含水分，就要再少一成的水量。

2　加水之後，浸泡 30 分鐘後再煮，可以讓米粒充分吸收水分，煮出來的米就會粒粒分明、Q 彈好吃。講究一點，可加入一小杯清酒，再放一片昆布去煮。

壽司飯又稱醋飯,是用醋調味過的冷飯。
醋飯特性是黏性較強,適合用來製作壽司。

寿司めし

壽司飯

材料（4～6人份）

米 ....3 杯
水 ....3 杯
醋汁
　醋 ....1/3 杯
　砂糖 ....2 大匙
　鹽 ....1 又 2/3 小匙

作法

1　依前頁洗米步驟洗好米煮飯,米飯煮熟後放入木桶內。木桶能吸收米飯多餘的水氣,讓壽司飯比較不易濕軟,若家裡沒有木桶,使用一般的容器即可。

2　趁熱加入醋汁,要一點一點慢慢地加入,香氣和風味才會平均。

3　一手搧扇子將飯稍微搧涼,一手用飯匙以刀切式拌勻。注意,不可用飯匙壓擠米飯,以免影響口感。

4　將壽司飯拌勻後即可使用。

〔美味筆記〕　＊夏天沒胃口時,把醋飯裝在大碗裡
Delicious notes　　放涼,鋪上生魚片或喜歡的海鮮佐
　　　　　　　　　料,就是開胃爽口的海鮮丼了。

台灣有一句話說：「冬吃蘿蔔夏吃薑」，
不少亞洲民族都有「蘿蔔賽人參」這類的俗語，
由此可見蘿蔔的營養價值和保健效果令人推崇。
蘿蔔削下的外皮可做漬物，蘿蔔菜葉也別浪費！
試試這道美味簡單的拌飯，絕對令你驚奇。

大根葉あえ御飯

蘿蔔菜葉拌飯

材料（4 人份）

蘿蔔菜葉...................... 適量	乾炒吻仔魚..... 適量（可省略）
麻油 .... 1 大匙	鹽 .... 適量
白芝麻 .... 2 大匙	米飯 .... 4 碗（600g）

作法

1　將蘿蔔菜葉挑去較老或醜的部分，洗淨後擰乾，切碎。

2　平底鍋用小火放入麻油，再放入蘿蔔葉炒至香味飄出，
　　撒適量的鹽調味。

3　將剛煮好的熱白飯拌入②拌勻後盛起。想要變換口味或
　　增加營養，可以再拌入乾炒過的吻仔魚或碎鮭魚肉

4　拌飯放涼了吃也很美味，也很適合捏成飯糰或帶便當。

〔美味筆記〕　　＊傳統的日本料理除了魚鮮外，幾乎都以蔬食為主，早期由於物
Delicious notes　　　質缺乏，讓日本人懂得善用果皮、廢棄的根莖葉做為食材，其
　　　　　　　　　實這種「粗食概念」非常適用注重養生、營養過剩的現代人。

「五目」指的是很多材料，
本次食材有雞肉、紅蘿蔔、牛蒡、香菇、豆皮，
可依喜好搭配或依季節性添加當季的特產。
這道五目糯米雞飯吃來口感豐富、滋味淡雅，
雞肉的嫩與牛蒡的脆加上高湯的鮮，
簡單食材組合出了令人意猶未盡的好滋味！

五目鶏おこわ

五目糯米雞飯

材料 (2人份)

		醬汁
糯米 .... 2 杯		A 醬油、味醂各 1 小匙，混合
水 .... 1 又 1/2 杯		B 柴魚高湯 1/2 杯、
雞腿肉 100g		醬油 1 又 1/2 大匙，混合
乾香菇 .... 2 朵		C 醬油 1 小匙、鹽 4/5 小匙
牛蒡 40g		酒 2 大匙，混合
紅蘿蔔 50g		
油豆腐皮 .... 1/2 張		

作法

1　將雞肉切小丁，拌入 A 醃汁裡。牛蒡、紅蘿蔔、油豆腐和乾香菇切絲備用。

2　將 B 煮五目食材醬汁放入鍋內，再加入①的材料，以小火煮 10 分鐘。

3　糯米洗好後浸泡 30 分鐘，加 C 煮米醬汁放入鐵鍋煮熟。用瓦斯煮開，轉中小火約 10 分鐘，熄火再悶 10 分鐘。

4　將②③加入拌勻後，再悶 5 分鐘即完成。

〔 美味筆記 〕 *Delicious notes*

＊五目糯米雞飯料多味美，就算不另外準備其他菜色也營養十足，煮個湯就是最佳的懶人套餐。

＊放涼後捏成飯糰當點心很方便，也很適合帶便當。

日本人很愛吃火鍋,吃到最後會留下一點湯頭,
用來煮拉麵或是雜炊,一人分一小碗。
雜炊看來平淡無奇,但米飯吸滿火鍋高湯精華,
吃起來又香又滑,趁熱吃上一碗多暖心啊!

飯的變化:雜炊

材料(2人份)

火鍋湯頭......適量
白飯......1碗
雞蛋......1個
蔥花、海苔絲......少許

作法

1　將火鍋湯頭加熱至小滾,放入冷凍白飯,湯頭的分量
　　為可淹過飯量。如果是剛吃完火鍋,趁著湯頭還熱騰
　　騰時,加入熱的飯。

2　煮滾後,將雞蛋在碗裡打散,沿著鍋緣以順時針方向
　　淋入蛋液,再撒上蔥花,即熄火。

3　蓋上鍋蓋後,稍微悶個 1 分鐘即可盛碗,吃之前撒上
　　適量的海苔絲。

〔 美味筆記 〕　＊只要有一番高湯和冷凍白飯,想吃
Delicious notes　　的時候隨時能煮。蔥花、海苔絲也
　　　　　　　　　可替換成明太子,別有一番風味。

砂鍋什錦飯

材料（4~6人份）

米 .... 3 杯
Ａ 蒟蒻半盒、香菇約 5 朵
　雞肉約 100g、紅蘿蔔 1/3 根
　牛蒡 1/3 根
Ｂ 味醂、薄鹽醬油、鹽少許
　酒半杯、水 3 杯

作法

1　白米洗好後先靜置備用。

2　Ａ中的牛蒡切細絲，其餘皆切丁。

3　將Ａ與Ｂ煮開後，先將湯汁瀝出，湯料與米放入砂鍋中。

4　以量米杯量出 2.7 杯的湯汁，倒入砂鍋蓋上蓋子，先以大火煮開後，再轉中小火煮 10 分鐘。

5　熄火後燜 10 分鐘，完成。

〔 美味筆記 〕
Delicious notes
＊ 煮飯的過程要注意砂鍋蓋子是否密合，若蓋子密合度不佳，可先用乾淨的毛巾布由下往上包住蓋子再蓋上。炊飯鹹度要夠才好吃，醬油分量請斟酌個人口味做調整。

栗子糯米飯

材料（4人份）

糯米 .... 2 杯
煮熟的栗子 300g
水 .... 2 杯
酒 .... 2 大匙
粗鹽 .... 1/2 小匙

作法

1　將糯米洗好放入電鍋的內鍋，放入攝氏 40 度的溫水 2 杯放入，泡 1 小時。

2　在浸泡完成的米裡，加入酒和粗鹽，按下開關開始煮飯。煮至水氣排出來時，打開鍋蓋加入栗子，繼續煮至完成。

〔 美味筆記 〕
Delicious notes
＊ 也可使用帶皮的栗子南瓜或地瓜（建議用57號品種），切成一口大小，並在米浸泡完後就一起放進鍋裡與白米同煮。用電鍋煮栗子（或地瓜、南瓜）飯，鬆鬆軟軟，非常好吃。

茶泡飯

材料（1人份）

白飯 .... 半碗
綠茶或焙火茶 .... 適量
香鬆 .... 適量
芥末 .... 少許

作法

1　將白飯呈在碗裡，撒上香鬆或各式配料。

2　淋上熱騰騰的茶湯，再加上一點芥末，即可食用。

新年擺飾：鏡餅

過年時喝的屠蘇酒

新年擺飾：門松

日本人妻的年夜飯初體驗

在以前沒有網路、資訊不發達的年代，初到日本唸書時，常因文化與民族性的不同，發生不少糗事，就連嫁給前田先生後，日常生活中的糗事仍不斷上演。例如，我有眼不識日本高級農產品的珍貴，曾經將別人送禮的一小盒松茸和香瓜，一個人一口氣吃光還嫌不過癮！殊不知這麼珍貴的食物是要切成小塊小塊的全家一起吃，每個人只能品嘗到一點點。

嫁給前田先生的第一年，受邀到二哥家中過年，為了怕晚上吃不下豐盛的年夜飯，那一天我還不敢多吃東西，即使嘴饞也忍耐著。二哥家是很注重傳統的家庭，家裡擺設了非常漂亮的門松和鏡餅。門松是用來「迎神」的，古時候日本人相傳年神是居住在松樹上的，新年時期透過在家裡擺放松樹裝飾，達到迎神納福的好彩頭。由於竹子一直被視為是長壽的象徵，也和松樹一起被製作成門松，擺放在玄關

或是門前。門松必須做成一對，左右各放一個；左側雄松，右側雌松。正月十五日家家戶戶送走年神後，再將門松拿到神社或寺廟中燒掉，祈求全家一整年都平安健康。

鏡餅則是由2塊像鏡子般扁平的年糕所疊成的，在日本古代的祭典裡，即用年糕供俸神靈。相疊的年糕取其「步步高升、好運接連而來」的涵義，最上面再放一顆橘子，則有吉祥、順利之意。紅、白兩色在日本是代表吉祥的顏色，鏡餅下方也會用紅白顏色的色紙裝飾，增添喜氣。鏡餅從除夕前就開始擺設，一直到了正月11日這天，再把年糕敲碎煮成年糕湯享用。

我們一進門，二哥端出一道酒，全家人從最年輕的開始喝，輪到我時，我喝了一口差點吐出來，從來沒喝過味道這麼怪異的酒！原來這是一種名為「屠蘇酒」的藥

重箱第二層,「二之重」

重箱最上層,「祝餚」

重箱最下層,「三之重」

酒,用了川椒、肉桂、防風、乾薑等多種藥材熬煮而成,有預防感冒的效果,習俗認為只要喝了屠蘇酒,就能讓全家人健康一整年。更令我驚訝的是,被日本人視為傳統,新年必喝的屠蘇酒,竟是漢代名醫華佗創製、到了唐代流傳至日本的,而這項傳統在中國早已不多見。

終於捱到吃年夜飯的時候了,我的肚子早已餓得咕嚕響,滿心期盼圍爐時刻,只見二嫂端出一個「重箱」,在每個人面前擺了一個小碟子和一雙筷子,再從重箱裡夾出要吃的菜。我一看都傻了,重箱裡的菜餚擺放得好精美,可是每一道菜都只有一小撮,我心想這麼一點點菜這麼夠大家吃呢?一吃又更難過了,因為菜全部是冷的,而外面正下著大雪呢!原來日本家庭主婦在除夕大掃除後就不開伙了,重箱都是預先做起來、放進冰箱保存的。

當然,年菜也大有文章,重箱一般是三到五層,吃的時候由上往下,每一層各有涵義。第一層「祝餚」是黑豆、昆布、玉子燒等前菜,都用醬油烹調所以吃起來帶有甜味,非常開胃。第二層是「二之重」,內容有醃漬的魚片和炸魚等,但幾乎都是以海鮮為主。第三層「三之重」則是重頭戲,裡面放了平日難得吃到蝦子、螃蟹、魚子等高級食材,分量當然也是小而美……。

二嫂的手藝好,菜餚也很可口,但以往年夜飯吃慣大魚大肉的我,此時只想來一碗熱騰騰的湯啊!沒想到第一次吃日本年菜,居然沒有感動而是生氣,整頓飯下來只有最後一碗代表長壽之意的跨年熱蕎麥麵,稍微撫慰了我這個異國新娘冰冷、飢餓的胃。

湯與鍋物

汁、鍋物

味噌湯是日本餐桌必備的菜餚之一，
每家的湯頭和配料雖然各有巧妙不同，
但湯要好喝的的共同關鍵，就是高湯的製作。
「一番高湯」是指第一次高湯，濃郁鮮美，
煮湯外，吃鍋或料理時添加都能增色不少！

汁
熬出美味高湯

材料〔4人份〕

昆布 手掌心大小1片
柴魚削 .... 抓一把的量
水 .... 4 碗

作法〔4人份〕

1　將昆布擦拭乾淨後，在鍋裡倒入清水中泡30分鐘後，同
　　一鍋直接煮開。

2　沸騰後放入柴魚削，並立刻熄火，待湯汁沉澱後，再過
　　濾殘渣即是一番高湯。

3　將一番高湯濾出的殘渣，倒入另一個鍋子，加半鍋水煮5
　　分鐘，即是二番高湯。

〔 美味筆記 〕
Delicious notes

＊一番高湯可以加入任何料理中，提升口味，二番高湯多用來煮味
噌湯或拉麵，我習慣混合使用。高湯一次可多做一些，用寶特瓶
裝在冰箱保存很方便。

＊柴魚削就是厚削的柴魚片，價格比較貴
一點，但柴魚香味醇厚，能製作出鮮美
高湯。買不到柴魚削就用柴魚片也可
以，但請不要使用調和香料的柴魚粉，
因為風味是截然不同的。

日本味噌大致可分成白味噌、淡色味噌及赤味噌，
赤味噌經過較長的熟成期，顏色呈現暗棕色，
味道比白味噌鹹，相對的風味也更醇厚。

ハマグリ赤だし

蛤蜊赤味噌湯

材料（4 人份）

蛤蜊	300g	青蔥花	適量
酒	2 小匙	鴨兒芹	少許
赤味噌	4 大匙	鹽	1小匙

作法

1　先將 1 小匙鹽放入水盆裡，再放入蛤蜊吐沙約 1 小時，
　　用流水洗淨。

2　鍋裡倒入約 4 杯水，用中火煮沸後放入蛤蜊，煮至口開，
　　加入酒和味噌。注意，蛤蜊久煮肉會乾掉，味噌也要最
　　後加入，以免久煮會越煮越鹹。

3　在碗底放一點青蔥花，將煮好的湯注入，最後再以鴨兒
　　芹葉片裝飾，完成。

〔 美味筆記 〕
Delicious notes

＊鴨兒芹葉片長得像鴨子的腳掌，因此
　得名，其實它就是台灣的山芹菜，市
　場裡常可見小農販售。加一點到湯裡
　可以增添風味。

去過京都的人，應該都會對湯豆腐念念不忘吧！
這道料理是我從京都旅遊回來後，經常做的，
作法簡單又健康，加入蛤蜊更讓湯頭多了鮮美滋味，
而且邊吃時，總會浮出京都美麗雅致的景色。

湯豆腐

湯豆腐

材料（2人份）

		蘸汁	
木棉豆腐	1塊	醋醬油	6大匙
蛤蜊	8個	蔥、薑末	少許
昆布	1片	辣油	少許

作法

1　將昆布表面用乾淨的濕巾擦乾淨後，放入鍋內加水至鍋子8分滿煮開。

2　木棉豆腐一切八塊放入鍋內，再放入蛤蠣，煮開後即熄火。

3　將蘸汁調好後，豆腐蘸著醬汁吃。

〔 美味筆記 〕　＊木棉豆腐口感界於嫩豆腐與板豆腐之間，質地棉細密且很有彈
Delicious notes　　性，能充分吸收湯汁的美味，特別適合用來煮湯或當火鍋料。

潮汁，是指用魚貝類海鮮所製作的湯汁。
在日本 3 月 3 日女兒節這天，
會準備的菜餚裡就有這道蛤蜊潮汁，
蛤蜊殼成雙成對，象徵女子有好的歸宿。

ハマグリおすまし
蛤蜊潮汁

材料（4 人份）

蛤蜊 300g	水 .... 4 杯
A ....鹽 2 小匙	酒 .... 4 小匙
B ....鹽 1 小匙	油菜花 .... 4 小朵

作法

1 在水盆裡放入 A 吐沙用鹽，再將蛤蜊放進去吐沙約 1 小時，用流水洗淨。

2 鍋裏倒入約 4 杯水，用中火煮沸後放入蛤蜊，煮至口開，加入 B 調味用鹽、酒之後即熄火。

3 將蛤蜊湯盛好，再將汆燙好的油菜花放入，增加色彩與口感。

〔 美味筆記 〕
Delicious notes

＊蛤蜊本身會釋出甜味，不需要用柴魚製作高湯，湯頭就很鮮美。湯頭的鮮加上油菜花獨特的苦味，這種微苦後回甘的滋味我特別喜愛！3月時台灣的油菜花正盛產，可以試試這道很簡單的料理。

南瓜濃湯是營養十足又能有飽足感的湯，
不想吃飯時，用麵包蘸著湯一起吃就是一餐。
一次煮多一點冰起來保存，想喝隨時有！

かぼちゃのポタージュ

南瓜濃湯

材料（4人份）

南瓜 600g	大骨高湯 .... 4杯（要冷卻）
洋蔥 2/3個	鹽、胡椒 .... 適量
奶油 2大匙	巴西里碎 .... 適量
培根 2片	

作法

1　南瓜蒸熟備用。

2　洋蔥切碎，培根切絲，在鍋內放入奶油一起炒香。

3　用果汁機將①＋②和大骨高湯打成濃稠狀。

4　再將所有打成汁的③放入鍋內煮開，加鹽、胡椒後，盛
　　出碗內，加一點巴西里碎即可。

〔 美味筆記 〕
Delicious notes

＊營養豐富的南瓜濃湯，不論大人小孩都喜歡，除了配麵包，和
　肉類料理也很搭。

＊生南瓜很硬也很難削皮，先切成大塊後連皮一起蒸熟，就能輕
　易把皮去掉。南瓜皮有很多營養成分，但去皮可讓湯頭的口感
　滑細柔順。

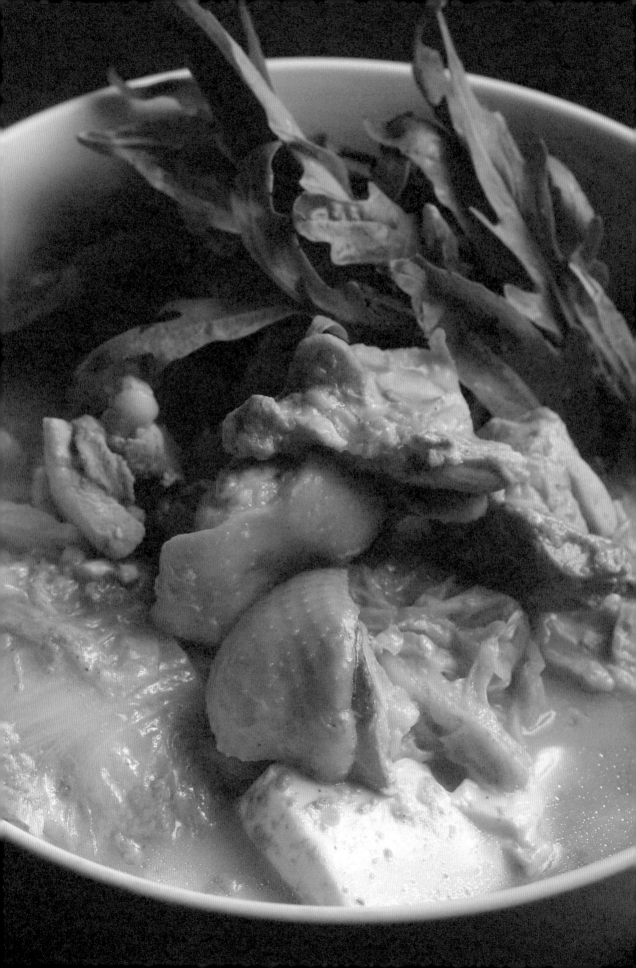

使用豆漿當湯底，吃來口感濃郁，
卻又不會給身體帶來太大負擔。
豆漿和雞肉的味道都是較清淡的，
加入辣味噌醬可以帶來醇厚的風味！

鶏の豆乳鍋

雞肉豆漿鍋

材料（2 人份）

雞腿肉	1 隻	柴魚高湯	1 又 1/4 杯
涓豆腐	1/2 個	無糖豆漿	1 又 1/4 杯
茼蒿	3 株	鹽	1/3 小匙
白菜	2 片	韓國辣味噌醬	1 大匙

作法

1　雞肉切大塊，豆腐切 4 等份，茼蒿洗淨去掉尾部，白菜
　　切 5 公分長段。

2　將高湯和豆漿放入鍋內一起煮開後，加入雞肉和豆腐煮
　　沸，要邊撈除浮渣。

3　鍋滾後再放入白菜和茼蒿，再煮一下立即關火，最後調
　　入韓國辣味噌醬，即完成。

〔**美味筆記**〕
Delicious notes

＊涓豆腐又稱水豆腐、嫩豆腐，是豆腐裡含水量較多的種類，吃
　起來柔軟滑嫩，很適合涼拌或做成湯鍋料理。
＊韓國辣味噌醬又稱韓國豆醬，是吃韓式石鍋拌飯、味噌鍋時不
　可缺少的醬料。在日式風味的清爽湯底中，加入了濃郁的辣
　醬，讓湯頭增加深奧的味道，不用另外蘸醬就很夠味。

豚汁使用三層肉，吃來油脂豐腴，
根莖類蔬菜吸飽濃郁的湯汁，
一鍋有菜有肉，營養均衡料理也方便，
是道會讓人想多吃一碗白飯的料理。

トン汁

豚汁

材料（4人份）

豬三層肉薄片...............200g	油豆腐皮.........................1 片
牛蒡.........................1/3 根	蔥 ....1 根
白蘿蔔.........................1/3 個	沙拉油.....................1/2 大匙
紅蘿蔔.........................1/3 個	柴魚高湯...........4 又 1/2 杯
馬鈴薯.........................中 1 個	味噌.........................4 大匙
蒟蒻.........................1/3 片	七味粉.........................適量

作法

1 豬肉片切成 2 公分寬度。蔥斜切備用。

2 牛蒡用刀背去皮，切成 3mm 長方形厚片後泡醋水（1 大鍋水＋1 小匙醋），可避免氧化變黑。白蘿蔔去皮切 3mm 長方形厚片，紅蘿蔔切 0.3 公分圓片後，再切十字即成銀杏狀。

3 馬鈴薯去皮切成一口大。蒟蒻切 3mm 長方形厚片。油豆腐皮用熱水沖過去油後，切 3mm 的長方形厚片。

4 鍋子倒入沙拉油後，放豬肉片炒至變色，加入柴魚高湯煮沸。此時要一邊去除湯裡的浮渣。

5 接著加入②和③的食材，用中火煮至軟。

6 最後加入味噌拌勻，煮沸後即熄火。盛盤後撒上青蔥和七味粉即完成。

〔**美味筆記**〕　＊肉類料理在煮湯的過程中會產生很多浮渣，請耐心將浮渣撈除
Delicious notes　　乾淨，會讓湯頭的味道更純正好喝。

日本和台灣一樣都很喜歡吃鍋物，
壽喜燒也叫鋤燒，只用少量醬汁烹煮食材，
不喝湯、品嘗食材飽吸醬汁後的濃郁風味，
美味的秘訣，當然就在於醬汁的調配了。

すきやき
牛肉壽喜燒

材料（2人份）

牛肉薄片	200g	
蒟蒻絲	200g	
大白菜	3 片	
豆腐	1 個	
牛蒡	1/4 條	
大青蔥	1 支	
鴻禧菇	1/2 包	
豬油	1 大匙	
彩色麩	適量（可省略）	

醬料

水	1 杯
酒	2 又 1/2 大匙
味醂	2 又 1/2 大匙
醬油	2 又 1/2 大匙
砂糖	1/2 大匙

作法

1 蒟蒻絲先切段再用熱水汆燙去味後，濾乾備用。

2 鴻禧菇去尾後撥開，青蔥斜切小段，豆腐 1 切 4 塊，牛蒡切絲，大白菜切段。

3 準備一個平底鍋，鍋熱後加入豬油，按順序放入：大白菜→略炒過的牛肉片→牛蒡→豆腐→鴻禧菇→蒟蒻絲→青蔥，用小火略煮 10 分左右。肉要疊放在白菜上，以免過熟。

4 再將醬料均勻拌入，煮至湯汁滾沸即可關火。另可準備一顆生蛋，取蛋黃放在小碟子裡，用食材蘸著吃。

〔美味筆記〕
Delicious notes

＊日本人吃壽喜燒時，都會將煮好的食材蘸著蛋液吃，吸滿醬汁的牛肉和蔬菜鹹甜好吃，加上滑嫩的蛋液真是美味！因台灣生食雞蛋的習慣沒有日本興盛，也較有安全上的顧慮，請選擇新鮮的有機蛋，蛋液儘快用完、不放隔餐。

うなぎ柳川鍋

鰻魚柳川鍋

材料（4人份）

牛蒡 ....1 條
青蔥 ....1 支
蛋 ....4 個
烤鰻魚（真空包）.........200g

A 柴魚高湯 2 杯
　味醂 ....4 大匙
　砂糖 ....1 大匙
　醬油 ....2 大匙

作法

1　牛蒡削絲，泡醋水防止變黑，青蔥斜切。

2　用砂鍋將A煮開，放入牛蒡、青蔥、鰻魚切丁（約2公分）
　煮熟。

3　加蛋液後蓋起蓋子，熄火，悶1分鐘，食用前可加七味
　粉提味。

〔 美味筆記 〕
Delicious notes

＊淋蛋液時由中間淋往外淋，馬上將鍋蓋蓋上，熄火用餘熱將蛋
　煮好。

＊這是一道非常下飯的料理，也可以在快吃完時加入烏龍麵收
　汁，更有飽足感。

我的日式小庭園

　　日本人非常講究擺盤的美感，從餐桌布置、餐具選用到菜餚配色等，都能在小細節裡看到用心。倒不是要使用多昂貴華麗的物品，而是想要讓享用食物的人能感到愉悅的這一份用心，我想這可追朔到日本人注重小節、重視美感的性格吧。

　　在我的餐桌上，喜歡用四季盛產的食物帶出季節感，碗盤也會隨著菜色做變化，尤其我喜歡用植物來裝飾擺盤，從竹葉、楓葉、紫蘇葉、可食用的香菫花等，都能與器皿、食物搭配，成為最棒的盤飾。

我很喜歡花草，但未諳園藝，來到花蓮
定居、經營民宿後，設計師在中庭規劃的
一小塊空地，只能用來種種草皮。自從認
識了在吉安經營有機小農場的好友湯平，
她不但熱心地與我討論適合栽種的植物，
更不辭辛勞幫我買花、種花，終於讓我完
成擁有一個美麗小花園的夢想！

不過說起純觀賞的花草，我還是偏好「實
用＋食用」的植物。春天開始，小院子種
了滿滿一片香菫，顏色繽紛、花型美麗，
而且是可食用等級的！草花壽命短，時序
進入夏天，換成滿滿的紫蘇，既可防蟲還
能常常入菜。還有一小區種了幾株辣椒，
繁殖力驚人，每天都能採收數十根辣椒，
收集到一定的量之後，就可以來做剝皮辣
椒了。至於牆角那兩顆小小的楓樹，雖然
身形瘦弱卻能長出漂亮的紅葉，但因為生
長速度供不應求，枝椏上常常是光禿禿。

院子裡開始栽種植物後，我也會常利用
鮮花來布置餐桌，效果出奇得好。我發現，
即使只是擺上一枝淡雅的小花，在早餐的
餐桌上，也會引起民宿客人的喜愛；很多
人會聞聞看、摸摸看，或是讚美花開得很
漂亮，心情也因此變得美好了起來。

自古風雅之士常藉由植物來比喻美好的
事物或四季之更迭，愛美、愛吃如我者，
手上即使只有幾朵花葉，也總想要把他們
的生命之美發揮到極致。不是每個人都有
能力購買、鑑賞昂貴的精品餐具，但我始
終相信，只要保持追求美麗的心情，願意
把日常生活中隨手可得的素材好好運用，
即使只是一盤看來平凡的家常菜，也能更
加有滋有味呢！

小小庭院每天都賜給我豐收的喜悅。

香菫、紫蘇皆可食用，可觀賞又可入菜。

這些可愛的花草都是來自民宿的小庭院。

蛋料理

卵料理

日本人應該是全世界最愛泡湯的民族，
從泡湯衍生的料理中，屬溫泉蛋最具代表。
在家裡想煮出滑嫩的溫泉蛋，方法很多，
我愛用的這個方法不用戰戰兢兢注意火候，
比起煮蛋，用悶蛋的說法應該會更貼切！

温泉卵

溫泉蛋

材料（2 人份）

蛋 ....2 個	**醬汁**
保溫杯 ....1 個	柴魚高湯 ....2/3 杯
紫蘇或海苔絲 ....適量	味醂 ....2/3 小匙
	醬油、鹽 ....適量

作法

1 蛋從冰箱取出，恢復常溫。如果買的是新鮮的常溫蛋，
  可直接使用。

2 蛋殼清洗乾淨後，放入保溫杯裡。

3 將水煮開後注入杯中，需須完全淹過雞蛋。杯口用鋁箔
  紙蓋住，悶 15 分。

4 將冷掉的水倒掉，再注入一次煮好的開水，再泡 15 分。

5 將蛋取出後打在小缽裡，加入醬汁、撒上紫蘇或海苔絲
  即可食用。

〔 美味筆記 〕
Delicious notes

＊以味醂：柴魚高湯1：1、少許醬油和鹽調味的醬汁，溫和順
  口，用來搭配淡雅的蛋料理最適合。醬汁調好後，先放入冰箱
  冷藏，吃的時候風味更佳。

＊把溫泉蛋和醬汁淋在白飯或麵裡，撒點蔥花或海苔絲，就是方
  便、美味的一餐。

伊万里民宿的早餐，不論菜色怎麼變化，
煎荷包蛋是每天一定都會出現的。
雞蛋有豐富的營養且容易被人體吸收，
煎得香香的荷包蛋單吃或夾土司都大滿足！

目玉焼き

荷包蛋

材料

豬油 .... 適量
雞蛋 .... 數顆
岩鹽 .... 少許

作法

1　使用鐵鍋或不沾鍋皆可，重點是要熱鍋冷油。

2　冷藏保存的雞蛋先拿出來回復至室溫後，在鍋裡加入適
　　量的油。

3　轉中小火，等到鍋裡出現油紋，將全蛋打進鍋裡。

4　蛋白邊緣出現氣孔油且形狀固定後，輕輕搖動鍋子，如
　　果蛋可以滑動了，即可準備翻面。

5　使用鍋鏟輕輕將蛋翻面，一樣等蛋可以滑動了，即可起
　　鍋，加鹽調味。喜歡吃蛋白微焦帶脆口感的，可再多煎
　　一下。

〔 美味筆記 〕
Delicious notes

＊荷包蛋吃法很多，可以淋上一點醬油膏或番茄醬，就能變化不
　同風味。

＊建議購買有機蛋，雖然價格較高但風味較佳，且不會有蛋腥
　味，如果喜歡吃半熟蛋黃也會比較安心。

＊因為荷包蛋很單調，所以一定要在食材上下功夫。用豬油煎特
　別香，撒上岩鹽會帶有一種微甜礦物質的鹹味。

玉子燒是日本人餐桌上常會出現的一道菜，
鹹中帶甜、有著潤澤口感，大人小孩都喜歡。
我喜歡把鰻魚加入蛋捲裡，滋味更豐富，
不論是當配菜、點心、下酒菜都很適合喔！

卵焼き

鰻魚玉子燒

材料（2 人份）

雞蛋 .... 3 個	醬汁	
烤鰻魚 ....1 條	砂糖 .... 1 大匙	
山芹菜 ....10 支	鹽 ....1/5 小匙	
柴魚粉 .... 1 小匙	醬油 ....少許（上色用）	

作法

1　將鰻魚切成長條狀，山芹菜切 1 公分粗絲。

2　將蛋、醬汁和①的材料全部拌勻。

3　使用玉子燒專用的長方鍋，開中火加入沙拉油，先潤鍋。

4　放入拌好的蛋液一半，先用筷子稍做混拌，待表面有點
半熟後，往前捲。

5　鍋裡再抹點油後，加入 1/4 蛋液，再往前捲。

6　再重複一次步驟⑤，即可完成。

〔 美味筆記 〕
Delicious notes

＊如果無法自己烤鰻魚，超市有賣烤好的真空包裝。價格略貴，
但比較方便。

＊這道菜非常適合便當菜和下酒菜，放涼了吃也很美味。要常練
習才能把玉子燒捲得漂亮，如果可以做出漂亮的玉子燒，用好
看的盒子和手帕包起來，就能當作充滿愛心的伴手禮。

大家印象中對日本料理最初的認識，
應該就是壽司、味噌湯和茶碗蒸了！
茶碗蒸的配方與作法有數十種，
但好吃關鍵就是好高湯和能掌控火候。
這道豪華茶碗蒸絕對能擄獲全家人的心。

会席茶碗蒸

盛宴茶碗蒸

材料（4 人份）

蛋	4 個	薄口醬油	1 小匙
雞腿肉	160g	柴魚高湯	2 杯
蟹腳肉	4 條	A 酒	2 小匙
太白粉	少許	B 鹽	2/3 小匙
鴻喜菇	1 包	薄口醬油	2 小匙
蛤蜊	8 顆	酒	2 小匙

作法

1　將雞肉切一口狀，放入 A 抓一抓，取出後再用太白粉抓一抓，以開水洗淨。

2　鴻喜菇去硬皮分小撮，蛤蜊另以水煮至殼開取下蛤肉，所有材料擺入淺的茶碗或缽裡。

3　將蛋打勻，加入柴魚高湯與 B 一起拌勻，並過濾兩次。

4　將已調味的蛋液注入碗裡，蒸鍋底加入 4 公分高的水，放入茶碗蓋上蓋子後，先用中火將水煮沸，再轉小火煮 10 分鐘。打開蓋子，用竹籤插一下，沒有黏著就完成了。

〔 美味筆記 〕　　＊ 蛋液注入碗時，要慢慢地加入，避免起泡，萬一起泡必須用湯
Delicious notes　　　匙撈起，蒸好的蛋才會柔滑爽口、沒有氣泡。

半夜肚子餓的時候，別再吃泡麵了，
試試方便、快速又美味的米蛋餅吧！
表皮煎得酥酥香香的，一口咬下，
同時吃得到米飯和雞蛋的香甜味道喔。

ご飯入りオムレツ

米蛋餅

材料（1人份）

白飯	160g	鹽	適量
蛋	2 個	巴西里碎	適量
火腿	2 片	沙拉油	1 小匙
起司粉	1 大匙		

作法

1　將蛋打散，火腿切 0.5 公分角狀。

2　在蛋液的鍋內放入熱的米飯、火腿角、起司粉、鹽和巴西里碎，攪拌均勻。

3　平底鍋燒熱放入沙拉油後，將②的食材平均鋪平後蓋滿鍋子。

4　先以中火煎 2 分，輕搖鍋子感覺米餅可以滑動時，再翻面。接著開始時常翻面，持續 2～3 分鐘。

5　起鍋，將米餅切成 8 片後擺盤，即完成。

〔 **美味筆記** 〕
Delicious notes

＊這是一道利用冰箱裡的剩飯就可完成的創意料理，家裡現有的材料都可加加看，家中小孩和大人都會樂在其中。

＊孩子下課後回到家，肚子餓時不妨做這道可以馬上完成的小點心。如果是使用冰箱裡的剩飯，飯要先蒸過或微波加熱後才能使用。

歐姆蛋是英文 omelette 音譯，意思是煎蛋捲。
這是一道西方家庭餐桌上很常見的料理，
可隨意添加蘑菇、培根、洋蔥等各式食材，
這幾年隨著早午餐的風行，也在亞洲掀起流行。

具だくさんオムレツ

歐姆蛋

材料（2 人份）

蛋	4 個	沙拉油	1 小匙
蝦子	6 支	奶油	2 大匙
蘆筍	2 支	**調味**	
洋蔥	1/4 個	鹽、胡椒	少許
乳酪	40g	番茄醬	適量

作法

1　蝦子去腸泥去殼，蘆筍去硬皮，洋蔥和乳酪切丁。

2　將①放入平底鍋加入奶油炒熟後以鹽、胡椒調味，盛起備用。

3　將蛋打勻以鹽調味，放入平底鍋，待蛋液有點凝固時，用筷子稍微攪拌。

4　將②炒好的料放入後，將蛋翻一半成蛋包，稍微煎一下再翻面，即可盛盤、淋上番茄醬。切一點水果或生菜沙拉，營養更均衡。

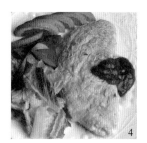
4

〔 美味筆記 〕
Delicious notes

＊做歐姆蛋使用的雞蛋量要足夠，如果是1人份，雞蛋需要用兩個，吃起來口感才會好，煎蛋捲時也不容易破。手邊有什麼材料都可以加進去，是道作法簡易的「清冰箱料理」。

擺盤的樂趣

　　傳統的日本料理都是一人一份，沒有分食的習慣，就連一般家庭的家常料理，也都是會做成一份一份的，幾乎不太會有在餐桌上互相挾菜的情況。在日本人的餐桌上，常見的器皿有陶器、瓷器、漆器、木器，功能上又有分成盛飯的、裝湯的、裝小菜的、主菜盤……。也由於這樣，一餐吃下來會累積不少碗盤，常有朋友笑說：「當日本的主婦真辛苦，洗碗洗不完。」

　　其實這是日本特有的飲食文化，用適合的器皿盛裝各式食物，邊享用美食邊欣賞擺盤之美，為生活增添許多樂趣與情趣。以下，就為讀者介紹幾款常見的日式器皿與擺盤方式。

釜鍋及陶鍋

像圖片裡這種釜鍋或陶鍋，用來煮炊飯或鍋物，受熱快、耐熱均勻，同時具有很好的保溫效果。容量從大到小都可選擇，也有一人份的，煮好料理後連鍋一起端上桌，特別會有一種豐盛的氣氛呢！

藤編、竹器及木器

這一類自然素材的器皿，帶有純樸溫暖感，但因材質的限制，應避免用來盛裝有湯汁或高溫的食物，洗滌後也要特別注意通風與晾乾，避免因為潮濕而變質。我習慣在這一類容器上墊一片竹葉或芭蕉葉，既能配色又可以隔離食物油脂或醬汁。

小缽

小缽比豆皿稍大，可以用來裝一人份的配菜或炸物。日本人很講究美感，也喜愛將生活中的四季變化或植物等融入器皿的設計中，我喜歡選用同色系但不同造型的小盤子，在整體感中又能有變化，也可將菜襯托得更出色。

豆皿

豆是指很小的意思，豆皿就是很小的碟子。可以當醬料碟、佐料碟，或是裝梅子、用來消除口氣的薑片這一類少量的食物等。我有一套不同顏色的葉形小皿，吃涼麵時會把各種佐料分開盛裝，或是一人一個當作餐桌上的醬菜碟，看起來繽紛極了！

炸物

揚物

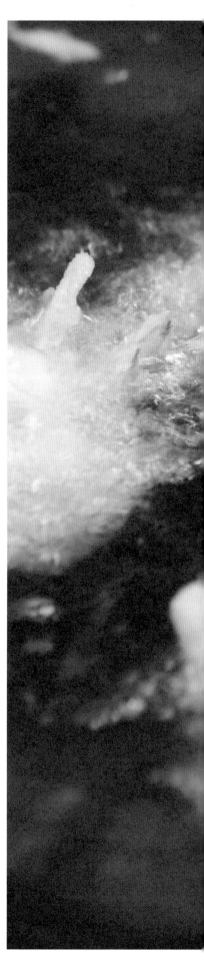

炸薯條一般人較少在家自己做，
雖然火候和油量的掌握無法像餐廳一樣，
但只要掌握一些小訣竅和炸的技巧，
炸馬鈴薯鬆軟口感絕對讓人停不下來！

皮付きのフライトポテト

炸帶皮薯條

材料（2 人份）

馬鈴薯 .... 3 個
鹽、胡椒 .... 少許
海苔粉或巴西里碎 .... 適量

作法

1　馬鈴薯洗淨後，帶皮切成 5 ～ 6 公分長條狀。

2　馬鈴薯塊放入流水中泡 30 分鐘，去除澱粉。完成後撈起
　濾乾水分。

3　準備油鍋，油量以能完全覆蓋炸料為基準。將薯條放入
　攝氏 160 度油鍋，炸至金黃。

4　起鍋後瀝油，撒上鹽、胡椒，再以海苔粉或巴西里碎增
　味。

〔 美味筆記 〕
Delicious notes

＊因為要帶皮吃，馬鈴薯盡量選擇新
　鮮、表皮光滑飽滿的。如果發現表皮
　有芽點的請不要購買。

＊這是一道很適合下酒的小菜，當作孩
　子的點心也很適合。請趁熱享用。

豬絞肉是一般人較常使用的食材，
換個變化試試口感更清爽、少油的雞絞肉，
炒香後的肉末搭配炸得軟嫩的茄子，
不用大魚大肉也能超下飯、吃得超滿足。

あげなすの肉みそはさみ

炸茄子夾味噌雞肉末

材料（2人份）

茄子	2 條	**醬料**
雞絞肉	50g	八丁味噌 25g
炸油	適量	砂糖 .... 1 大匙
青紫蘇	4 片	酒 .... 1 大匙
		水 .... 1 大匙
		麻油 .... 1 小匙

作法

1　將醬料材料和雞肉末一起下鍋炒勻。

2　另起油鍋加熱至攝氏 170 度，放入切成段的茄子炸 2 分鐘。

3　將炸好的茄子撈起濾油後，從側邊中間劃開，注意不要切斷。

4　從茄子中間鋪一片紫蘇後，再將肉末填入，即完成。

〔 美味筆記 〕
Delicious notes
＊ 茄子本身沒有太強烈的味道，和味噌的甘甜滋味非常搭配。茄子要做得好吃，油量一定要足，炸出來的顏色也會比較漂亮喔。

這是一道很經典的日式風味小菜，
也是許多日本人到日本料理店都會點的，
作法與備料簡單，在家裡做只要花 30 元，
就可以做出美味可口的人氣料理喔。

揚げ出し豆腐

炸豆腐浸高湯

材料（2 人份）

木棉豆腐.........................1 塊	**炸粉**
炸油 .... 適量	麵粉、太白粉..... 各 1 大匙
蘿蔔泥.......................... 適量	**醬汁**
薑末 .... 適量	水............................1/3 杯
蔥花 .... 適量	酒、味醂、醬油 ...各 1 大匙
	柴魚削 6g

作法

1　將豆腐用廚房紙巾包住，用較重的碗裝水壓住去水分。

2　擦乾豆腐後，用混合後的炸粉均勻蘸滿豆腐。

3　接著放入油鍋以攝氏 170 度炸成金黃色，撈起瀝油。

4　將醬料混合後煮開，過濾後放入略帶深度的淺碗，再將
　炸好的豆腐放入碗裏。

5　依序將蘿蔔泥、薑末、蔥花擺在豆腐上，完成。

〔 美味筆記 〕　＊在炸豆腐之前，要盡量壓除的水分，豆腐含水量越少，炸出來
Delicious notes　　的豆腐就越可口，也能充分吸收美味的醬汁。

便宜且幾乎沒有季節限制的地瓜，
給人平凡無奇、不夠細緻的印象。
只要用點巧思，透過食材相互搭配，
就能讓地瓜變身口味高雅的宴客菜！

いもの挽き肉挟み

炸地瓜夾肉末

材料（4人份）

地瓜 250g
豬絞肉........................... 150g

醃料

醬油 .... 1 大匙
麻油 .... 1 小匙
酒........................... 1 小匙
太白粉.................... 1 大匙

麵糊

蛋 1/2 個+冷水
............................共 1/2 杯
麵粉 .... 1/2 杯
鹽 .... 少許

作法

1　地瓜去皮切成 0.5 公分厚的輪狀片，用紙巾擦乾水分。

2　將豬絞肉與醃料拌勻。

3　在地瓜表面撒上少許麵粉，再將豬絞肉夾在兩片地瓜裡
　　蒸熟。

4　將③均勻蘸上麵糊後，放入 160 度的油鍋炸熟，撈起瀝
　　油即完成。

〔 美味筆記 〕　　＊因地瓜需要較久的烹調時間，先蒸過再炸，可以避免久炸造成
Delicious notes　　　食物風味流失。
　　　　　　　　＊我覺得57號地瓜是最好吃的品種。或者也可以選用芋頭地瓜，
　　　　　　　　　在色調上也會很美。

日式料理很擅長改變食物型態後再混搭，
例如把香菇和蝦子一起炒，味道可能不協調，
但是先把蝦子處理成蝦泥再鑲進香菇裡，
不但融合了兩者的味道，視覺上也顯得高雅。
創造更多的變化與可能，正是料理的樂趣啊！

揚げ椎茸に海老すり身

香菇鑲蝦肉

材料 （4人份）

新鮮生香菇.................. 12 朵
蝦仁............................200g
太白粉 ....適量
炸油 ....適量

醃料

蛋白...........................2 個
太白粉..........1 又 1/2 大匙
酒............................ 1 小匙
薑末 ....1/2 小匙
鹽..............................少許

作法

1　香菇洗淨後去蒂，稍微壓乾水分，在菇傘裡面撒上麵粉備用。

2　蝦仁去腸泥，用刀背剁碎，加入醃料拌勻。

3　將蝦仁泥平均分成 12 份，填入香菇裡，再以手沾太白粉後整形。

4　將③放入攝氏 160 ～ 170 度高溫的油鍋裡炸熟，撈起瀝油即完成。

〔 美味筆記 〕
Delicious notes

＊選肉厚一點的生香菇，菇傘才有空間填入多一點蝦泥，炸完後會有鮮嫩多汁的口感。

＊填入蝦泥後，盡量將形狀調整成一個飽滿的圓弧形，炸好後看起來會更引人食慾。

炸好的可樂餅起鍋了，孩子們顧不得燙，一口咬下。
「呼，好燙、呼，好好吃……」他們臉上露出的滿足神情，
讓我願意不怕麻煩，手上沾黏著麵糊，
一個個仔細捏出媽媽對孩子的愛。

かにクリームコロッケ

蟹肉可樂餅

材料（2 人份）

洋蔥	50g（1/4 個）	B 奶油	2 大匙
洋菇	2 顆	牛奶	1 杯
A 奶油	1/2 大匙	麵粉	適量
蟹肉	80g（罐頭可）	全蛋	1 個
玉米醬	適量	麵包粉	適量
鹽、胡椒	少許	炸油	適量

作法

1　將洋蔥和洋菇切小丁，將奶油 A 放入平底鍋和洋蔥炒至軟，再放洋菇和蟹肉略炒後加入鹽、胡椒。

2　用另一鍋放入奶油 B，加熱後倒入麵粉 3 大匙用小火炒，避免炒焦炒勻後，慢慢分次加入牛奶一邊拌一邊加熱，煮至沸騰再轉小火。

3　加入鹽和胡椒後，將①加入拌勻。放入鋪好保鮮膜的容器內待涼，再放入冰箱冷卻，幫助定型。

4　將③從冰箱取出，分成 4 等份用手搓成橢圓形後，以麵粉→蛋液→麵包粉的順序均勻蘸附，油炸時先用攝氏 140 度將裡面炸熟，起鍋前調至攝氏 180 度再炸一次，口感才會酥脆。

3

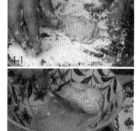
4-1

4-2　用湯匙輔助蘸上蛋液

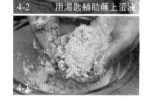
4-3

〔 **美味筆記** 〕
Delicious notes

＊高級奢華的蟹肉可樂餅，咬下去會有爆漿的口感，雖然作法有點煩瑣，但宴客時端出絕對會令客人驚豔，也是孩子平日極愛的美味點心。

＊可一次做多一點，完成至步驟3後放冷凍庫保存，要吃時直接拿出來炸。

在日本食物中有不少「洋式和食」，
明治維新後大量的歐美文化傳入，
從此也改變了日本的傳統飲食型態。
日本人將這些歐美式的料理加以改良，
甚至自創出日本獨有的美味餐點。

洋風海老カツバジルマヨネーズソース添え

洋風蝦餅佐羅勒美乃滋

材料（4 人份）

		羅勒美乃滋醬
蝦仁 250g	麵包粉 ....4 大匙	美乃滋 ....1 又 1/2 大匙
洋蔥 50g	麵粉 ....適量	羅勒 ....6 片切碎
沙拉油 ....1/2 大匙	蛋液 ....1/2 個蛋白、1 個蛋黃	
鹽 ....1/5 小匙	麵包粉 ....適量	
黑胡椒 ....少許	炸油 ....適量	
蛋白 ....1/2 個	高麗菜絲.......................適量	

作法

1　洋蔥切碎後，用沙拉油炒至透明，待涼備用。

2　蝦仁去泥腸後，以刀背切碎。

3　用大碗將洋蔥、蝦泥、鹽、黑胡椒拌勻

4　再加入蛋白、麵包粉均勻拌勻。

5　將④捏成橢圓形後，依麵粉→蛋液→麵包粉的順序蘸上。

6　以攝氏 170 度熱油炸至表面呈金黃酥脆後瀝油，在盤子
　　放入切好的高麗菜絲擺盤，放上蝦餅。

〔 美味筆記 〕
Delicious notes

＊自家手工製作、完全用蝦仁製成的蝦
泥有奢華的口感，炸得香香脆脆，配
上羅勒美乃滋讓風味更上一層。

蝦子是老少咸宜的美味海鮮，
除了一般常見的快炒、清蒸、煮湯外，
其實在家也能嘗試炸蝦的美味喔！
這裡可以學會調味和炸出完美形狀訣竅。

海老フライ

西洋式炸蝦

材料（4 人份）

大蝦	12 條	小番茄	8 個
鹽	1/5 小匙	市售豬排醬汁	適量
胡椒	少許	**炸粉**	
炸油	適量	麵粉、蛋液、	
高麗菜絲	3 片量	麵包粉	適量
檸檬	1/2 個		

作法

1　蝦子去腸泥，去殼留尾巴，切斷腹部的筋後，再稍微拉
　　一下。

2　將處理好的蝦子撒上鹽、胡椒稍微調味。

3　將②按照麵粉→蛋液→麵包粉的順序均勻蘸上，用攝氏
　　170 度熱油炸至金黃色酥脆，撈起瀝油。

4　盤子上先以高麗菜絲擺盤，放一片檸檬和一個小番茄後，
　　再擺上炸好的蝦子與蘸醬，完成。

〔 美味筆記 〕　　＊蝦子的腹筋一定要切斷，用手再稍微拉一拉，炸的時候才不會
Delicious notes　　　縮回來，視覺上會比較美觀，入口時也比較方便。

味噌是我非常喜愛的調味料之一，
除了煮湯外，還能有其他的運用，
涼拌、焗烤、油炸都各有風味。
炸肉串風味鹹香濃郁，好吃極了！

味噌串揚げ

炸味噌豬肉串

材料（6串份）

豬里肌	150g	**醬汁A**	
鹽	1/6 小匙	麵粉	40g
黑胡椒	少許	雞蛋	1/2 個
麵包粉	適量	牛奶	1/4 杯
沙拉油	適量	**醬汁B**	
麻油	1/2 小匙	八丁味噌	30g
乾炒白芝麻	少許	砂糖、酒	各1 大匙
		水	2 大匙

作法

1　將豬里肌切成一口大，撒胡椒鹽後3個為1串用竹串串起。

2　蘸上拌勻的醬汁A，再蘸麵包粉，放入攝氏170度的油鍋裡炸至金黃色。

3　用另一鍋將醬汁B拌勻煮開後加麻油調味，可用小碟子裝起或直接淋上豬肉串。吃的時候再撒上白芝麻風味更佳。

〔 美味筆記 〕
Delicious notes

＊ 使用柔嫩的里肌肉製作而成的一口豬肉串，配上帶有芝麻香的名古屋風味噌醬，令人忍不住想喝一杯啤酒。

炸雞翅感覺上是美式的食物，
在這裡使用日式風味的醬汁搭配，
並利用炸過再調味的方式，
讓雞肉吃起來肉質 Q 彈且入味。

手羽先揚げ

日式炸雞翅

材料（2人份）

雞翅.................................6 隻
生菜............................ 適量

醬汁
    醬油 ....2 大匙
    砂糖 ....1又 1/2 大匙
    粗粒黑胡椒........1/8 小匙
    白芝麻 ....1 小匙
    海苔粉 ....少許

作法

1   將醬汁放入大碗裡拌勻，備用。

2   將雞翅用叉子刺幾個洞後，再以攝氏 150 度低溫的油炸 7 分鐘，起鍋前用強火再炸約 20 秒後撈起，瀝油。

3   將炸好的雞翅拌入醬汁裡泡 15 分鐘。

4   將生菜切絲，與③擺盤後一起食用，吃起來更爽口。

〔 美味筆記 〕 ＊不同於一般炸雞翅乾酥的口感，這道充滿著醬汁香氣的濕式炸
Delicious notes 雞，非常適合兩人世界小酌一杯。

雞腿肉是比較多肉柔軟的部位，
用來製作炸雞塊當然美味加倍！
使用日式海苔風味椒鹽更是絕配，
除了當正餐的主菜，也是美味點心。

唐揚げ

椒鹽炸雞塊

材料（0 人份）

雞腿肉.....250g（約 1 隻量）
太白粉 .... 適量
炸油 .... 適量

醃料

鹽...........................1 又 1/2
味酥 .... 2 小匙
薑末 .... 1 小匙

乾粉

麵粉 .... 2 大匙
海苔粉 .... 1 小匙
鹽........................... 1 小匙
胡椒粉 .... 適量

作法

1　雞腿肉切大口狀，與醃料混合後醃 20 分鐘。

2　將雞肉塊的水份去除，撒上太白粉後拌勻。

3　將乾粉放入塑膠袋混合均勻，放入醃好的雞塊再揉勻。

4　將雞肉塊放入攝氏 140 度低溫油炸 3 ～ 4 分鐘後撈起，
　再將油熱至 180 度後，將雞肉塊回鍋炸至金黃酥脆，即
　可裝盤。

〔 美味筆記 〕
Delicious notes
＊美味的密訣在於用低溫和和高溫炸兩次，可讓雞肉多汁但不顯
油膩，搭配啤酒一起享用真是過癮。今天就忘記減肥的事吧！

不想吃飯、想變換口味的時候，
試試這道豬排三明治吧！
有澱粉、有蛋白質，飽足感十足，
再準備一份沙拉就是均衡的一餐。

カツサンド
豬排三明治

材料（2人份）

豬排肉或梅花肉片.........2 片	奶油 ....1 大匙
鹽、胡椒 ....少許	炸油 ....適量
麵粉 蛋液 麵包粉 .....各適量	**醬汁**
高麗菜........................1 片	蘋果醬 ....2 大匙
美生菜........................4 片	檸檬汁 ....1 小匙
白吐司 ....4 片	芥末 ....1/2 大匙

作法

1　將肉的筋切斷，撒上鹽和胡椒調味，再依序蘸上麵粉→蛋液→麵包粉。

2　放入油鍋以攝氏 170 度的中高溫炸至金黃色，撈起瀝油。

3　將高麗菜切絲，拌入一半醬汁待用。

4　白吐司塗上奶油，鋪上美生菜與③拌好的高麗菜絲。

5　將另外一半的醬汁淋在炸好的豬排上，豬排放到④後蓋上另一片白吐司，對切。

〔 **美味筆記** 〕
Delicious notes

＊果醬還可用水蜜桃、橘子醬等口味，但避免使用深色果醬，以免影響豬排的色澤。

＊這道分量感十足的三明治，很適合當假日的甜蜜早午餐。或是待涼後用三明治袋包裝好，就是超棒的野餐美食。

我對納豆的獨特情感

　　我剛去日本留學時，最怕吃飯時同桌友人吃起納豆，因為會傳出陣陣濃厚的臭味，那股味道複雜且難以形容，嗯，有點像是臭腳丫的味道吧！每次遇到這種狀況，我總是急忙地換桌子，但那股味道總趨之不散，我很訝異怎麼有人會樂於吃這種散發出臭味的食物？

　　直到嫁給前田先生以後，有一天我們開車到水戶旅行，一路上，街道兩旁只看得到納豆的招牌，想找地方吃飯，但一眼望去看得到的，除了納豆還是納豆。原來，水戶就是納豆的故鄉，幾乎每一間餐廳都是納豆料理，這也是當地的特色料理。

　　無奈之下只好隨著前田先生走進一間餐廳，因為所有的菜單都有納豆，只好點了納豆全餐，我記得有納豆五目生魚片、納豆小缽、納豆天婦羅、納豆味噌湯，甚至

還有納豆漢堡，一餐下來共吃了十幾種納豆料理。但令我意外的是，吃進嘴裡的完全沒有我討厭的臭味，而且相當好吃，簡直不可思議！從此，我不再視吃納豆為畏途，也慢慢能體會納豆的美味了。

　　納豆自古以來一直備受日本人的推崇，甚至有多吃納豆就可以不必吃藥的說法。近年來醫學也證實，納豆激酶對心血管疾病具有保健的功效，近年來日本綜藝節目也多次探討吃納豆對女性在瘦身和肌膚保養上的助益，看來老祖宗的智慧的確是經得起考驗。

　　如果你也喜歡吃納豆，可以參考這些利用納豆做的料理，作法很簡單，幾乎只要拌一拌就可以大快朵頤。如果你還不敢吃納豆，我只能說太可惜了！因為你將失去探索納豆深奧滋味的體驗啊！

納豆生魚片

只要在鋪上生魚片的醋飯上，倒進一盒攪
拌均勻的納豆即可。生魚片蓋飯也可買現
成的，百貨公司超市或美食街，都有販售
方便美味的生魚片蓋飯。

吻仔魚納豆

將納豆鋪在小皿上，放上炒香的吻仔
魚、紫蘇絲和茗荷絲，紅紅綠綠的配色
很好看喔！茗荷是一種薑科植物，如果
不易購買可用嫩薑代替。

番茄乳酪納豆

牛番茄和乳酪都切成約 1.5 公分的小
塊，加入同比例分量的納豆即完成。
納豆和乳酪同屬發酵食品，混搭後的
滋味與口感十分特別！

海鮮篇

魚介

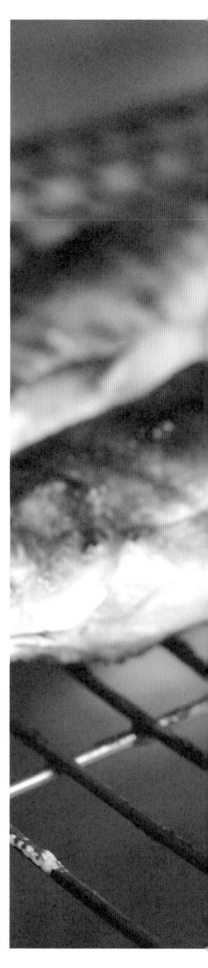

日本人不但非常崇尚法國時尚，也非常喜愛法式風格的飲食。
這道將白乳略與柳橙結合的風味，濃郁中又清爽，非常受女性喜愛！

鮭マリにネフレンチチーズ

法式鮭魚拌白乳酪

材料

鮭魚	300g	巴西里碎	少許
白乳酪	200g	細砂糖	100g
柳丁	1個	鹽	50g

作法

1　先將鮭魚去皮去刺，再將細砂糖、鹽拌勻後，抹上鮭魚。

2　將柳丁切薄片，鋪滿①的魚肉上，放入冰箱置一夜。

3　隔天將鮭魚取出，擦乾水份後切成長條狀。

4　將白乳酪和巴西里碎混合後，加入③攪拌均勻。

5　盛盤後，以巴西里或義大利芹裝飾，即完成。

2

〔美味筆記〕
Delicious notes

＊這道是在日本時髦的餐館裡很具人氣的一道前菜，很適合下酒，配上法國硬麵包滋味非常搭，也可以配餅乾，請趁冰涼時品嘗最爽口。

夏天炎熱沒有胃口的時候，
這是一道很爽口又能開胃的菜，
檸檬汁加上魚露、辣椒酸辣開胃，
把蝦子的鮮美滋味襯得更出色。

オニオンスライス　アジア風

亞洲風鮮蝦涼拌洋蔥絲

材料（4 人份）

洋蔥 ....2 個	**醬汁**
蒜 ....2 個	魚露 ....1 又 1/2 大匙
去殼蝦子 100g	檸檬汁 .... 1 個份
沙拉油 .... 1 又 1/2 大匙	
辣椒 ....1 支	
香菜 .... 適量	

作法

1　洋蔥切半，再切絲泡水，撈起後用紙巾擰乾。大蒜切碎
　備用。

2　蝦子去腸泥，煮一鍋水加入少許白醋，汆燙後備用。

3　平底鍋加熱倒入沙拉油，加入薑、大蒜和辣椒爆香後，
　加入醬汁拌勻。

4　最後將蝦子、洋蔥和③拌勻，擺盤後撒上香菜，完成。

〔 美味筆記 〕　　＊洋蔥是公認的超級食物，這道料理可吃進大量的洋蔥。由於洋
Delicious notes　　　蔥經過醬汁的調味可降低辛嗆味，接受度更高。

融合了日式與地中海美食，這道使用橄欖油的海鮮料理，
同時加入大量新鮮蔬菜，享受美味的同時也兼顧健康。

焼きパプリカといかのマリネ

油漬彩椒花枝

材料（4 人份）

		醬汁	
紅椒	2 個	橄欖油	4 大匙
黃椒	1 個	醋（種類）	1 大匙
花枝（身體部分）	2 隻	醬油	1 小匙
大蒜	1 大個	鹽	3/4 小匙
		胡椒	少許

作法

1　將彩椒對切去籽，用烤魚網將皮烤一烤，放入冰水中即
　　可輕鬆去皮，再以滾刀切塊狀。

2　將花枝去皮汆燙，沖涼水濾乾後，再將大蒜切薄片備用。

3　將大蒜放入混合後的醬汁裡混合均勻。

4　將花枝和彩椒擺盤後，淋上③拌勻，即完成。

3

〔 美味筆記 〕　　＊這道料理色彩豐富，讓人看了食慾倍增。橄欖油獨特的風味
Delicious notes　　　裡，能吃到食物最純粹的原味。

秋刀魚可說是物美價廉的最佳食材，
營養豐富，尤其以秋天的生產季節最佳。
常見的烹調方式有鹽烤和蒲燒，
也可油泡或南蠻漬方式調理，甚是美味。

さんまの塩焼き薬味だれ

香草鹽燒秋刀魚

材料（2 人份）

秋刀魚	2 條	**抹魚料**	
新鮮羅勒葉	6 片	鹽、胡椒	適量
檸檬	1/2 個	乾羅勒葉碎	少許

作法

1　將秋刀魚去內臟和頭尾，一條切成 2～3 段，洗淨後用
　　紙巾擦乾。羅勒葉切碎、備用。

2　在瓦斯爐上預熱烤架，將抹魚料混合後均勻抹在秋刀魚
　　上，醃 10 分鐘。

3　將②放上烤架烤 5 分鐘後翻面，再烤 4 分鐘即可盛盤。

4　放上一片新鮮葉子、一瓣檸檬裝飾，即完成。

〔美味筆記〕　＊沒烤架用烤箱也可以，但烤出來的皮不會那麼漂亮。
Delicious notes　＊秋刀魚含有豐富的維生素B12，高於其他魚類許多，具有安定情
　　　　　　　　　緒的效果，在容易感到煩躁的秋天，多吃正「著時」。和一般
　　　　　　　　　的日本式烤魚口味不同，加了香草有歐風時髦感，感覺優雅了
　　　　　　　　　許多。

一向用來炒或煮湯的蛤蜊，換個方式用蒸的，風味更濃郁。
使用米酒、白酒、清酒風味各異，不妨多試幾次，找出喜愛的風味。

ハマグリの酒蒸し

酒蒸蛤蜊

材料 〔4人份〕

蛤蜊	600g	酒	6大匙
青蔥	4根	鹽	少許
昆布	10x8公分	醬油	2/3小匙

作法

1　先將蛤蜊泡鹽水去沙，約 2 小時。

2　蛤蜊用水洗乾淨，青蔥切成蔥花備用。

3　將蛤蜊放入鍋裡，放入昆布與酒，蓋上鍋蓋以中火煮 1～
　　2 分鐘。

4　注意待殼一打開後，馬上加鹽、醬油調味，略拌炒後裝
　　盤。

5　最後撒上蔥花，即完成。

〔 美味筆記 〕　　＊蛤蜊不要煮太老，口一開馬上放調味料，拌一下即可，此時蛤
Delicious notes　　　肉飽滿又富含鮮美湯汁，最恰到好處。

通常鮭魚生魚片都是切成長條狀，一口大小方便入口。
偶爾嘗試看看新的創意，同樣的食材也能創造新的樂趣。

創作刺身
創作生拌生魚片

材料（4 人份）

綠紫蘇	10 片	
白蘿蔔	180g	
鮭魚生魚片	120g	

醬料

美乃滋	50ml
牛奶	1 大匙
淡色醬油	1 小匙
黃芥末	1/2 小匙
白胡椒	少量

作法

1　將白蘿蔔去皮，與紫蘇葉切絲，泡冰水 10 分鐘後濾乾，擺盤。

2　鮭魚斜切成薄片，依照玫瑰花瓣的造型，將花蕊捲起，由內而外排列成一朵花。

3　在將剩餘的生魚片，以放射狀交疊排列在生菜上。

4　將醬料拌勻後另裝小碟，與生魚片一起搭配食用。

2

3

〔 美味筆記 〕
Delicious notes
＊也可以變化其他的生菜，例如蘿蔓、萵苣、高麗菜、美生菜⋯⋯等，美麗的擺盤是一道令人驚豔的宴客菜。

石狗公於棲息在近海岩礁海域，
肉質細嫩甘甜，屬於中高價魚種，
在秋季是最美味的時候，
搭配鹹香的煮汁更能吃出鮮魚美味。

煮魚

煮石狗公魚

材料（4人份）

石狗公魚 .... 1 條		煮汁	
牛蒡 .... 1 支		酒 .... 4 大匙	
青蔥 .... 2 支		醬油 .... 4 大匙	
味醂 .... 4 大匙		砂糖 .... 2 大匙	

作法

1　石狗公魚去內臟與魚鱗（可請魚販代勞），洗淨備用。

2　將牛蒡用刀背去皮切 5～6 公分長條狀，長條狀再直切 4～6 等份，泡入水中去澀味。青蔥切長段備用。

3　將牛蒡放入鍋中，加水用小火加蓋煮 15 分鐘。

4　牛蒡變軟後，再加入青蔥和煮汁一起煮開。

5　將魚朝上入鍋，以中小火煮熟後，搖動鍋子，過程中反覆用湯匙淋汁約 10 分鐘。

6　稍為收汁後，在起鍋前倒入味醂，色澤會比較亮麗。即可熄火擺盤。

〔美味筆記〕　＊為了避免魚身破裂，煮的時候不可
Delicious notes　　翻面。魚皮要朝上。

這是一道簡單的創意料理，
在魚類盛產的季節做成生魚片，
淋上橄欖油風味的醬料，
搭配生菜讓顏色更引人食慾。

カルパッチョ
義式生魚片

材料（4 人份）

鰹魚	240g	
美生菜	3 大片	
洋蔥	1/4 顆	
小番茄	約 10 顆	

醬料

芥末	1 小匙
橄欖油	2 大匙
檸檬汁	2 大匙
醬油	2 大匙
鹽、胡椒	各少許
紫蘇	4 片

作法

1　魚斜切薄片，擺盤呈放射線狀。

2　洋蔥對切再切絲泡水，撈起瀝乾水分，紫蘇切碎。

3　將美生菜用手撕開，再拌入洋蔥，擺在盤子中間。

4　小番茄洗淨後擦乾表面，對切後將切面朝外，圍繞③的
　　生菜擺成一圈。

5　將醬汁混合後，均勻淋在④上，即完成。

〔 美味筆記 〕
Delicious notes

＊除了鰹魚，還可使用鮪魚或旗魚，這三種
魚都是台灣特有洄游魚，魚兒從日本海域
隨著黑潮游到台灣時，往往魚身都比較
瘦。利用橄欖油調味，不僅是增加滑嫩口
感外，味道更獨具風味。

加入了許多健康的蔬菜，
顏色和滋味一樣豐富、可口。
用番茄將所有食材的味道融合，
是酸中帶點微辣的開胃小品。

いかのトマト煮込み
花枝蕃茄煮

材料（4 人份）

花枝	2 條	橄欖油	6 大匙
茄子	2 條	鹽、胡椒	少許
洋蔥	1 個	**醃料**	
蒜	2 顆	鹽、胡椒	各約 1 小匙
辣椒	2 支	橄欖油	2 大匙
番茄（罐頭可）	800g		

作法

1 將花枝切 1 公分圓切片，拌入醃料裡稍微醃入味。

2 茄子切 1 公分半圓片，洋蔥切 1 公分角狀，蒜切薄片，辣椒去籽後切圓片。

3 將橄欖油放入鍋內，加入蒜片和辣椒炒至香味出來，再放洋蔥炒至透明。

4 再加茄子拌炒，加入番茄用小火煮 10 分鐘加蓋悶煮。

5 最後放入花枝，蓋上蓋子煮 5 分鐘後，加入鹽及胡椒調味，即完成。

5

〔 **美味筆記** 〕　＊花枝不可以煮太久，所以最後再放。
Delicious notes　＊除了當作配菜外，加入辣椒的微辣滋味，很適合搭配麵包一起吃或用來拌義大利麵。

在日本，魚頭是非常便宜的食材，
超市裡 1 盒三個才賣幾百日圓，
只要用心烹煮，滋味並不比魚肉差。
不論紅燒、清蒸或煮火鍋我都愛，
魚頭上鮮嫩柔軟的魚肉別有風味啊。

魚の頭煮つけ

煮魚頭

材料（4 人份）

鯛魚頭.........................1 個	**煮汁**	
鹽 ....少許	昆布高湯..................4 杯	
牛蒡 200g	酒...........................1/2 杯	
蔥白絲 ....適量	砂糖、味酥.......各 4 大匙	
	醬油 ....5 大匙	

作法

1　將鯛魚頭對切切半，洗淨擦乾後用少許的鹽醃 5 分鐘後，
　　用熱水汆燙再馬上用冷水仔細洗淨。

2　將牛蒡斜切成 5～6 公分的長條，泡醋水，洗淨。

3　將昆布高湯等煮汁放入鍋內，鋪上牛蒡條後再將鯛魚頭
　　排上。蓋上一張比鍋口略小的鋁箔紙，煮至收汁。

4　將③盛盤後，放上蔥白絲裝飾即完成。

4

〔美味筆記〕　＊料理這一類需要收汁的食物時，用比鍋口略小的鋁箔紙取代蓋
Delicious notes　　子，可以加速散發出水蒸氣，達到更佳的收汁效果，煮出來的
　　　　　　　　　食物會更加美味。

竹筴魚在日本家庭餐桌上很常見，
價格實惠且富含不飽和脂肪酸，
此外鈣、鐵和蛋白質含量也很高。
一般都是烤來吃或做成生魚片，
請試試用咖哩粉調味的歐式風味。

小あじのカレーマリネ

歐式咖哩竹筴魚

材料（2 人份）

材料		醬料	
小竹筴魚	10 條	沙拉油	2 大匙
鹽、黑胡椒	少許	咖哩粉	3/4 小匙
麵粉	適量	醋	1 又 1/2 大匙
沙拉油（炸油）	適量	鹽	1/3 小匙
洋蔥	1/4 個	黑胡椒	少許
小番茄或蘋果	適量	砂糖	3/4 小匙
檸檬半圓切	4 片	水	2 大匙
美生菜	2 片		

作法

1　小竹筴魚去內臟洗淨，撒上鹽、黑胡椒醃一下。

2　洋蔥切薄絲，水果切片，美生菜用手撕開備用。

3　竹筴魚均勻蘸上乾麵粉後，用攝氏 170 度熱油炸至酥脆。

4　炸好的魚撈起濾油後，放入煮開的醬料裡均勻混合。

5　先將洋蔥與水果擺盤，再將④放上。吃的時候可以擠一
　　點檸檬汁。

〔 美味筆記 〕
Delicious notes

＊炸得熱熱的魚混合了咖哩味，真的是香氣逼人，除了當正餐的
　配菜，也非常適合來杯啤酒。

＊秋季是竹筴魚盛產的季節，不但便宜而且味美。如果對魚的處
　理不上手，可以請魚販幫忙處理。

拌飯和炒飯最大的不同，
是油脂含量較低，吃起來爽口。
這是道營養可口的懶人料理，
也是想要簡單吃的輕食好選擇喔！

鮭の混ぜご飯
鮭魚拌飯

材料（4 人份）

白飯 800g		白芝麻 ....2 大匙
鹹鮭魚.......................2 片		鹽 ....少許
青紫蘇葉......................10 片		

作法

1　鹹鮭魚烤熟，去皮去骨，撥碎成魚鬆狀。

2　白芝麻乾炒至香味飄出來，注意火不要開太大以免燒焦。

3　青紫蘇剁碎，用紙巾包住擰乾去水分。

4　將所有材料放入剛煮好的白飯裡，依個人口味加入少許
　　鹽調味，拌勻即完成。

〔美味筆記〕
Delicious notes

＊ 要用剛煮好的飯加入鹹鮭魚，可將
　鹹鮭魚的油脂充分融入熱飯裡，吃
　起來會更潤口更好吃。
＊ 想要吃得豐盛些，再準備兩三樣配
　菜，就是完美的一餐。

鯖魚又叫青花魚，屬於青背魚的一種，
這類魚含有豐富的魚油 EPA 和 DHA，
多多食用可預防心血管疾病、有益健康。
不過因為魚肉本身有較重的腥味，
除了挑新鮮的，也可在調味多花點心思。

サバの味噌煮

鯖魚辣味噌煮

材料（4 人份）

鯖魚 ....1 條
薑片 .... 2 節
青蔥 ....1 根

醬料

水..........................3/4 杯
醬油 ....1 大匙
砂糖 ....1 大匙
酒..........................4 大匙
麻油 ....2 大匙
辣豆瓣醬..............1 小匙
味噌.......................3 大匙

作法

1　鯖魚去頭尾後再去骨，片成兩片後再對切切成 4 片，每一片魚皮輕劃十字。

2　薑切絲，青蔥切 4 公分長備用。

3　用平底鍋將醬料放入鍋內，一煮開馬上放入魚片排好，煮 3 ～ 4 分鐘，加入青蔥和薑絲。

4　最後加入辣豆瓣醬，融化再煮 5 分鐘左右即可盛盤。

〔 美味筆記 〕
Delicious notes

＊因味噌會越煮越鹹，所以不宜久煮，要最後再加入，運用在各種料理上皆如此。

＊加一點辣豆瓣醬會減少鯖魚的腥味，香香辣辣的口味是很下飯的一道菜。

藥味指的是香草或辛香料，
適量添加可以讓魚肉更鮮美。
鱸魚含優質蛋白質易被人體吸收，
術後或體弱者多吃能幫助身體康復，
這裡用燒烤的方式烹煮，又香又入味。

スズキのガーリックハーブ焼き

藥味鹽燒鱸魚

材料（4人份）

鱸魚	4片（約1條）	茗荷或薑	適量
鹽	1小匙	青紫蘇	20片
青蔥	1支	市售醋醬油	適量

作法

1　將鱸魚片撒點鹽，放置冰箱約1小時去除水分，用紙巾擦乾後，再撒上鹽。

2　長蔥、茗荷切碎，青紫蘇直切半後再切0.5公分細絲，全部拌勻後用流水洗淨，濾乾備用。

3　將鱸魚兩面烤熟後，盛盤。

4　將②均勻鋪上魚身，再淋上醋醬油，即完成。

〔 美味筆記 〕
Delicious notes

＊烤魚秘訣是先從魚皮面或盛盤面烤，會比較好看。不要常翻面，只能翻一次以免魚肉破碎。

＊有些人不喜歡魚的腥味，藥味醬汁的香氣可以掩蓋腥味，讓魚肉變得清爽美味。

融合了西式料理的烹飪手法，
能讓平淡的魚肉變得有滋有味。
麵包屑的香和番茄的酸巧妙融合，
鮮紅豔綠的配色讓視覺更豐富！

タラのムニエル、にんにくパン粉かけ

鱈魚佐大蒜麵包屑

材料（2人份）

鱈魚片 ....2 片		番茄醬 ....3 大匙	
鹽、胡椒 ....各少許		橄欖油 ....適量	
麵粉 ....適量		**大蒜麵包削**	
花椰菜 ....1 顆		大蒜末 ....1 片份	
鹽 ....少許		麵包屑 ....3 大匙	
水 ....1/3 杯		奶油 ....2 大匙	
小番茄 ....8 個			

作法

1　先將花椰菜切小塊，汆燙時加入鹽少許。

2　用小平底鍋放入大蒜麵包屑材料炒香，撈起備用。

3　另起油鍋將花椰菜略炒過，加鹽和胡椒調味。

4　將小番茄去蒂切 6 等份，放入番茄醬和水略煮，製成番
　茄醬汁。

6

5　鱈魚用紙巾擦乾，兩面各撒上一點薄薄的麵粉，用橄欖
　油煎熟至表皮呈金黃色。

6　先將鱈魚盛起擺盤，接著排上花椰菜和大蒜麵包屑後，
　再淋上番茄醬汁即完成。

〔 美味筆記 〕　　＊鱈魚的魚肉味道較淡，利用番茄醬汁的酸甜味將魚的鮮味完全
Delicious notes　　　提出，魚肉鮮嫩、麵包屑香酥，多層次的口感令人驚喜。

食慾之秋，
來場壽司 Party 盛宴吧！

秋天是豐收的季節，也是許多魚類最豐腴肥美的時刻，來一場壽司 Party，用最簡單、無添加的料理方式好好品嘗當令的美味吧！我在日本的時候，最愛以壽司 Party 招待客人，光是一字排開的當令新鮮食材就夠讓人食指大動，而且利用日式壽司與生魚片「備料快速、步驟簡便、豐富多樣」的特色，不用在廚房忙得焦頭爛額、滿頭大汗，是有充裕時間就能優雅上菜，換上漂亮的服裝，賓主同樂。

我覺得更棒的是，可以讓客人自己動手的盛宴，因為有了參與感，所以吃起來更美味，印象更深刻！

找一天邀請三五好友，試試這個絕對令人吃得開心的壽司 Party 吧！

採購重點

＊盡量以當季的食材為主，每一種類的量不需要太多，盡量多樣化。

＊購買生食的海鮮需要特別注意衛生，生鮮超市已處理好的生魚片是個好選擇。

＊可隨個人喜好和人數多寡來調整種類和數量，但因海鮮不宜隔餐食用，要當次吃完。

＊海鮮需要去魚鱗去內臟，都可請魚販代勞，回家後會比較好處理。

料理重點

＊壽司飯和味噌湯先準備好，生魚片買現成的，再準備幾道小菜就很輕鬆。

＊壽司飯可以變化成美味的飯糰，尤其最適合有小孩的場合。大一點的孩子可以讓他們自己捏飯糰。

＊可選一兩種生魚片做成調味的菜餚，吃起來有不同的口感，視覺上看起來也會更有變化。

飯糰

作法請見 P23，飯量 1 人為半杯米量。另外準備紫菜片 1 包。

1　把壽司飯鋪在紫菜上，讓客人隨喜好自己選擇配料，做成壽司捲吃。

2　把各種口味的香鬆加入壽司飯裡，即可製作飯糰。

味噌湯

材料（4人份）

清酒	2 大匙
水	800ml
一番高湯	200ml
紅、白味噌	各 2 大匙
味醂	2 大匙
豆腐	1 小塊

作法

1　水加一番高湯煮開，加入化開的味噌、清酒和味醂。

2　加入切小塊的豆腐，滾後熄火，完成。配料還可添加魚肉、蛤蠣、菇類和青菜，喜歡的食材都可加入。

生魚片拼盤

材料（約 4～6 人份）

鮭魚 120g

鮪魚 120g

海鱺 120g

旗魚 120g

花枝 120g

紅甘 120g

作法

購買生食等級的魚，或直接到超市買處理好的整塊生魚片，再切成約 1 公分寬長條狀（方便做成壽司捲）。擺盤後配上蘿蔔絲、薑片、紫蘇葉和芥末。

竹筴魚拌蔥薑生魚片

材料（4 人份）

竹筴魚.........................4 條
蔥.............................2 支
薑末........................1 大匙
紫蘇葉.........................4 片

作法

1 將魚肉去骨取兩片，拔掉魚刺，再拉掉魚皮。

2 將清洗乾淨的魚切成 3 公分塊狀，拌入蔥末和薑末，即可裝盤。

〔 美味筆記 〕　＊竹筴魚是黑潮的迴游魚，沿著台灣
Delicious notes　　東部海岸，經常可以捕獲許多，價
　　　　　　　　　格也很便宜，我經常善用竹筴魚作
　　　　　　　　　各式料理。

熟食拼盤

材料

玉子燒.........................1 條
白蝦.........................12 條
花枝.........................120g
市售醃黃蘿蔔................1 條
熟火腿.......................120g
蘆筍.........................1 把
黃、綠節瓜................各 1 條

作法

1 玉子燒作法請見 P60。完成後切成 1.5 公分寬長條狀。

2 白蝦燙熟後去殼，花枝燙熟後切成 1.5 公分寬長條狀。

3 蘆筍去硬皮後汆燙，撈起泡冰水後瀝乾備用。

4 醃黃蘿蔔和熟火腿切成 1.5 公分寬長條狀。

5 節瓜洗淨後帶皮切成 1.5 公分寬的長條狀。

6 在大盤子上用乾淨的芭蕉葉或竹棠裝飾，再將所有材料擺盤即完成。

肉
類
篇

肉

想吃燒肉不必再出遠門了，
把牛肉片用醬料醃入味後，
再用平底鍋煎熟即可享用的燒肉，
自己做可控制鹽分和調味，
真的是方便美味又可口呢！

焼き肉

日式燒肉

材料（4人份）

		醃料	
牛肉	400g	大蒜末	4 顆份
美生菜	8 片	酒	4 大匙
白芝麻	2 大匙	醬油	4 大匙
砂糖	6 大匙	麻油	4 大匙
油	1 大匙		

作法

1　將砂糖撒在牛肉上用手抓一抓，再將醃料均勻混合後，
　　放入牛肉繼續用手抓一抓，讓其入味。

2　美生菜洗淨後用手撕開成手心大小，再用冰開水泡 5 ～ 6
　　分鐘後濾乾，盛盤備用。

3　平底鍋燒熱倒油，以中火將牛肉炒熟後，一片美生菜上
　　放一片肉。

4　最後撒上已乾炒過的白芝麻，即完成。

〔 美味筆記 〕
Delicious notes

＊日式燒肉醬味濃郁，配上美生菜會有清爽的口感，營養也會更
　均衡。做成燒肉丼則是具有飽足感的一餐。

＊建議使用帶一點厚度的肉片，肉汁不容易流失，吃起來也更有
　滿足感。

很多台灣人對吃牛排的印象，
應該都是濃郁的黑胡椒或蘑菇醬，
日式牛排的調醬比較清爽，
可以吃到牛肉醇厚的原味肉香，
選擇品質稍好的牛肉做做看吧！

和風ステーキ

和風牛排

材料（4 人份）

牛排 ....4 片
小番茄 .... 數顆
花椰菜 .... 1 小朵
奶油 .... 2 大匙
醬油 .... 2 大匙
沙拉油 .... 1 大匙

醬料

洋蔥末 .... 1/4 個
醬油 .... 2 大匙
鹽、胡椒 .... 少許

作法

1　將牛排抹上醬料，置於冰箱 2～3 小時。

2　將花椰菜先汆燙好備用。

3　從冰箱拿出牛排，放常溫 30 分鐘稍微退冰後，醬料上的
　　將洋蔥末除去。

4　用平底鍋以大火將牛排兩面煎熟，放在盤子上，配上配
　　菜。

5　將奶油融化後加入醬油混合均勻，淋上牛排上即完成。

〔 美味筆記 〕
Delicious notes

＊煎牛排時若烹調時間太長，肉汁容易流失，因此火候一定要夠
　大，表面也能炙燒出漂亮的顏色。
＊慶祝節日或想給另一半一個驚喜，做這道牛排、開一瓶紅酒，
　記得換上漂亮的衣服，在家裡的晚餐約會也能很浪漫。

想不出今天晚餐要吃什麼的時候，
那麼就來煮馬鈴薯燉牛肉吧！
日劇或日本電影中常出現這道菜，
是充滿媽媽味和溫暖記憶的料理。

肉じゃが
馬鈴薯燉牛肉

材料 (4人份)

馬鈴薯	3 個	牛肉薄片	200g
洋蔥	2 個	味醂	1 大匙
紅蘿蔔	1 個	**醬汁**	
四季豆	12 支	柴魚高湯	1 又 1/2 杯
蒟蒻絲	150g	砂糖	2 大匙
沙拉油	1 大匙	醬油	3 大匙

作法

1　馬鈴薯切大口狀，洋蔥一切八塊，紅蘿蔔以滾刀切大塊。

2　蒟蒻絲以兩刀或三刀切斷，稍微汆燙一下撈起備用，四季豆去纖維後切斜半。

3　熱鍋倒油，先加入牛肉略炒後再依序加入洋蔥、馬鈴薯、紅蘿蔔。

4　加入醬汁，煮沸後去泡沫和肉渣。

5　用鋁箔紙或日式木蓋蓋住鍋口，再以小火煮 20 分鐘。

6　攪拌後加入蒟蒻絲，蓋上蓋子再煮 10 分鐘。

7　最後加入四季豆，略翻攪後，加入味醂上色即熄火，完成。

〔 美味筆記 〕　＊這道菜經常出現在日本家庭的餐桌，
Delicious notes　　　是一道沒有油煙、不會做失敗的料
　　　　　　　　　理，配料豐富又營養均衡。

聽到「照燒」大家應該感到很熟悉，
這是日本料理在烹煮肉類的過程中，
於食材外層塗抹大量醬汁的一種方法，
最常運用的有照燒雞腿、照燒豬肉等。
甜鹹醬汁開胃又下飯，非常受到歡迎喔！

照り焼き鶏

照燒雞腿

材料 （4人份）

雞腿肉...........................4 片
沙拉油.....................2 大匙
蘆筍............................12 支
水果或生菜.................適量

醃料
　鹽.............................少量
　薑汁.....................2 大匙

醬汁
　砂糖.......................1 大匙
　酒...........................1 大匙
　醬油.......................2 大匙
　味醂.......................1 大匙

作法

1　將每隻雞腿的筋都切斷，皮朝下放入平盤，倒入醃料醃
　　約 20 分鐘。

2　起油鍋（平底鍋），用紙巾將雞肉的汁吸乾，皮朝下下
　　鍋煎 8～9 分鐘。

3　翻面後再煎 4～5 分鐘後，在鍋邊放入蘆筍，稍微拌炒
　　1 分鐘。

4　淋上醬料後起鍋盛盤，雞腿放在盤子中央，再將蘆筍和
　　生菜排在盤邊裝飾。

〔 美味筆記 〕　　＊一般家庭用的平底鍋較小，最好一次煎兩隻雞腿，煎完再換另
Delicious notes　　　外兩隻。要吃的時候再切成方便食用的長塊狀，避免先切開肉
　　　　　　　　　　汁會流失。

和風口味醬汁裡最經典的，
莫過於日式醬油＋蘿蔔泥了。
平日最常做成鍋物的蘸醬，
還可做成漢堡排的醬汁，
其風味與美式漢堡全然不同！

和風ハンバーガー

和風漢堡

材料（4人份）

豬絞肉	400g	A 醬油	2 小匙
蛋	1 個	鹽	1/2 小匙
木棉豆腐	1/2 個 (200g)	青蔥碎	1/2 支
黑芝麻	1 大匙	B 醬油	1/2 大匙
沙拉油	1 大匙	味醂	1 大匙
生菜	適量		
蘿蔔泥	1/3 個量		

作法

1 蘿蔔磨成泥備用。豬絞肉和蛋用雙手手掌相互拋丟，將空氣打出，再加 A 打至絞肉黏著。

2 加入豆腐打勻，接著接入切碎的櫻花蝦和黑芝麻，再繼續打勻。

3 將②的豬肉團分為 8 等份，搓成橢圓狀後稍微拍扁。

4 用平底鍋熱油，將漢堡排逐一排入後，用中火煎 2 分鐘，再翻面。

5 蓋上蓋子，悶煮 6～7 分鐘，讓漢堡排完全熟透。

6 將漢堡排裝盤，旁邊放上生菜和蘿蔔泥。

7 將醬汁 B 加入鍋底殘汁中煮開，淋在漢堡排上後即完成。

6

〔 美味筆記 〕
Delicious notes

＊加入豆腐讓口味更顯清爽也更健康，這是屬於大人風味的漢堡排，也是在日本很受歡迎的一道時髦餐點。

薑具有溫暖身體的效果，
獨特香氣也能提振精神、舒緩疲憊，
用新鮮的薑磨出薑汁泥，
現磨現用，最能吃出薑的美味！

生姜焼き

薑燒豬肉片

材料（4 人份）

梅花豬肉片	400g	牛番茄	1 顆
醃料A		沙拉油	1 大匙
鹽	少量	**醬料B**	
酒	1 大匙	薑末	2 大匙
高麗菜	4 片	味醂、酒	各 3 大匙
紫蘇	5 片	醬油	2 大匙
洋蔥	1/2 個	味噌	1 大匙

作法

1　先將豬肉片去筋，加入醃料A醃一下。

2　高麗菜去梗，洋蔥，青紫蘇都切細絲，泡一下冰水後瀝乾會更甜。

3　熱鍋倒油後，將肉片排入鍋內，待一面煎成焦黃後，再翻面煎。

4　肉片煎好後，將醬料B倒入鍋內，再將肉片翻面，熄火。

5　擺盤時將切片番茄和②的生菜擺在盤子旁，成山堆狀，再將肉片排列好。

6　最後將鍋底的醬汁淋上肉片，即完成。

〔**美味筆記**〕　＊梅花肉片就是豬肩胛肉，這個部位油花分佈均勻、油脂多，吃
Delicious notes　　起來軟嫩不乾澀，吃起來口感也很過癮，很適合做成燒肉。

親子丼常見的有雞肉和鮭魚兩種，
雞肉親子丼又叫滑蛋雞肉飯，
雞肉和蛋要滑嫩柔軟、鮮中帶甜，
米飯充分浸潤了蛋液和高湯，
連孩子都會呼嚕呼嚕地吃下一大碗。

親子丼

親子丼

材料（4 人份）

雞腿肉	300g
洋蔥	1 個
山芹菜葉	適量
蛋	8 個

醬汁

柴魚高湯	2 杯
味醂	1/2 杯
醬油	1/2 杯
砂糖	2 小匙

作法

1　雞肉切 3 公分角狀，洋蔥切絲，將蛋打好備用。

2　先在醬汁裡加入洋蔥絲，再放入雞塊煮熟。

3　將打好的蛋液由內往外注入鍋內，蓋上鍋蓋，用強火煮 15 秒，再搖一搖鍋子。

4　打開鍋蓋，放入切絲的山芹菜後熄火。

5　吃的時候將④淋在白飯上，即完成。

註：所有材料都分成 1/4，一次做 1 人份。

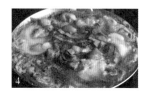

〔 美味筆記 〕　＊注意火候，讓半生熟的蛋包覆著雞肉，更提升柔嫩的口感。這
Delicious notes　　　是一道快速又簡便的餐點，大人小孩都喜愛的一品，將每人份
　　　　　　　　　分開煮，料理看起來會更漂亮、引人食慾。

牛肉とエリンギのさいころステーキ

骰子牛肉杏鮑菇

材料（4 人份）

牛肩肉 400g

鹽、胡椒 ....少許

杏鮑菇 300g

大蒜 ....4 瓣

油菜 ....1 把

奶油 ....2 大匙

作法

1　將牛肉切成骰子狀後，撒上少許鹽、胡椒。

2　杏鮑菇切成牛肉大小，大蒜切薄片，油菜切 5 公分長段。

3　將奶油放入鍋內，再放入牛肉和杏鮑菇，用強火炒至焦黃，再加鹽和胡椒調味，即可裝盤。

4　利用鍋內殘汁用小火拌炒一下油菜，裝進同一個盤子裡，即完成。

〔 **美味筆記** 〕
Delicious notes

＊牛肉解凍後，要恢復到常溫再下鍋，煎到五分熟就起鍋，口感柔嫩且鮮美多汁。

＊牛肩肉口感柔嫩，簡單調味，就能享受奢華的美味。

這是在日本的居酒屋必備菜色，
烤得好吃的關鍵就在於秘密醬汁。
一口咬下 Q 彈的雞肉再喝口啤酒，
酷夏夜晚最棒的享受莫過於此啊！

焼き鳥
燒鳥

材料

雞腿肉............................1 隻

照燒醬
醬油 ....1 大匙
砂糖 ....1/2 大匙
味醂 ....1/2 大匙
酒.........................1/2 大匙

作法

1 雞腿切大丁，用竹籤將 4 個串成 1 串。

2 照燒醬汁放入鍋內起火煮開，再將串好的雞肉串放入，
   小火煮 5 分鐘後撈起。

3 將②用已預熱好的烤箱烤 3 分鐘，取出擺盤即完成。

〔 美味筆記 〕　＊ 在家做時可先煮好放冰箱可冷藏
Delicious notes　　約2天，要吃時再烤即可，用來
　　　　　　　　　當老公的下酒菜也很方便。

把孩子不愛吃的洋蔥、紅蘿蔔,
放進馬鈴薯奶油醬汁裡煮軟,
顏色多彩繽紛、口味香甜滑順,
挑食的小朋友也能開心吃下肚。

[肉 類]

Meat

鶏のクーリムシチュー

雞肉奶油燒

材料（4人份）

雞腿肉	2支	花椰菜	100g	醃料	
洋蔥	1個	沙拉油	1大匙	鹽、胡椒	少許
紅蘿蔔	1個	麵粉	4大匙	高湯	
鴻喜菇	200g	鹽、胡椒	適量	雞精塊	1塊
馬鈴薯	2個	鮮奶油	1杯	水	3杯

作法

1　雞肉切大口狀,用醃料稍微醃一下。

2　洋蔥切2公分塊狀,紅蘿蔔切4公分棒狀,鴻喜菇去硬皮分小撮,馬鈴薯切大口狀,花椰菜去硬皮分小撮。

3　起鍋倒沙拉油,洋蔥放入炒約4分鐘,再放入雞肉炒至變色。

4　接著加入鴻喜菇和紅蘿蔔略炒後,將麵粉均勻撒入。

5　均勻拌炒避免麵粉燒焦,再加入高湯稍微攪拌後,蓋鍋蓋煮10分鐘。

6　加馬鈴薯再煮15分鐘,最後放花椰菜和鮮奶油煮5分鐘左右,起鍋前加鹽和胡椒調味。

〔 美味筆記 〕
Delicious notes
＊這是一道小朋友非常愛吃的主菜,用配飯或當義大利麵醬料都很適合,也可以試試搭配麵包一起吃唷。

前田太太の幸福料理 —— 157

用肉片捲起蔬菜再烹調的方式，
比起直接拌炒雖然稍微費工了些，
但完成後的效果真令人驚豔，
還能同時將豐富食材一口吃進嘴裡！

牛肉野菜ロールの照り焼き

照燒牛肉野菜捲

材料（2 捲份）

牛肉薄片 ....4 片	
鹽、黑胡椒 ....少許	
杏鮑菇 ....1 支	
紅蘿蔔 60g	
青蔥 ....1 支	
四季豆 ....6 支	
綠蘆筍 ....2 支	
沙拉油 ....1 小匙	

醬汁

醬油 ....1 又 1/2 大匙	
味醂 ....1 大匙	
砂糖 ....1 小匙	
水..........................3 大匙	

作法

1　杏鮑菇、紅蘿蔔切 0.5 公分棒狀，青蔥切 4 等份，綠蘆筍去硬皮後對切，四季豆去纖維，全部氽燙。

2　牛肉片撒上鹽和黑胡椒，兩片相疊厚，再將①的野菜酌量排在牛肉片上，捲起。

3　平底鍋倒沙拉油加熱，肉捲疊合處朝下放入煎熟。

4　再倒入醬汁，蓋上蓋子用小火蒸煮 8 分鐘，打開蓋子後將火加強，收汁。

5　將肉捲對半斜切後裝盤，即完成。

〔 美味筆記 〕
Delicious notes

＊這道菜視覺效果很繽紛，牛肉捲包滿了許多的蔬菜，配上照燒的甜鹹味，令人食指大動！也很適合當便當菜。

在日本料理店，壽司師傅會現場製作新鮮的壽司與生魚片。

淺談日本壽司吃法

　　剛從日本回台灣定居時，幾次和朋友一起吃日本料理，發現不少人用錯誤的方式吃壽司，後來在日式餐廳裡，幾乎常常見到各種錯誤的吃法。台灣民眾非常喜愛日本料理，喜歡卻不一定了解；飲食文化裡也包含了餐桌禮儀，了解飲食文化、用對的方式吃，才更能吃出各國美食的內涵與美味。

　　在日本的壽司店，一般都是坐吧檯，在板前師傅的面前吃。如果你不懂得吃，板前師傅會依據你的吃法，分辨出你是老饕還是新手，藉此來分配接下來的料理。譬

如說，如果你把芥末與醬油一起拌勻（這也是最多人會犯的錯誤），板前師傅便曉得你是一個不懂得吃的人，給你再好的食材也不懂得享用地的美味，因此師傅會將魚尾部位或是很多筋的魚肉分配給你，將最好的部位如 TORO 魚腹是最肥美的，留給老饕享用。

　　我常開玩笑跟朋友說，去日本之前，請先練習吃日本壽司的正確方法，不然可能會吃到不好的料理唷！以下就由前田老爺與友人為讀者示範日本壽司吃法。

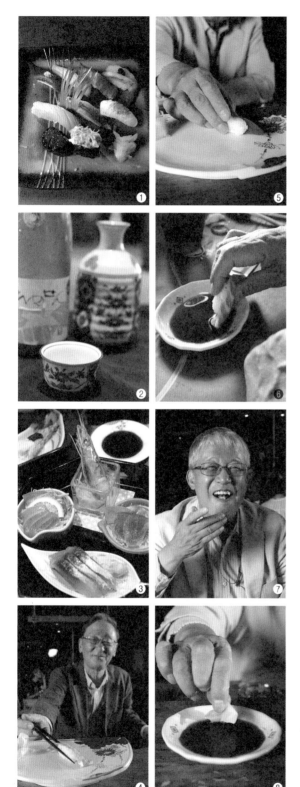

❶壽司送上來時,先別急著吃,看一下眼前的壽司再決定吃的順序,先從口味較清淡的白肉魚開始吃起,接著吃油脂較多、口感較肥腴的紅肉魚,最後才享用壽司捲或調味過的壽司。

❷吃壽司時,店家通常會搭配綠茶或麥茶讓客人飲用,這樣的茶味較不會影響壽司的味道,像果汁或可樂這類太甜或有刺激感的飲品是不建議的。若要飲酒搭配清酒是最適合的。

❸在小碟子裡倒入適量醬油,芥末應該是放在盤子上,而不是放入醬油碟子裡。需要芥末時,用筷子夾一點芥末放到魚肉上,但請不要過度使用芥末,以免遮蓋了魚肉本身的鮮甜味。

❹吃的時候,可以使用筷子或直接徒手拿取。在日本傳統的吃法是用手拿,不過現在只要依個人習慣即可,沒有特別的限制。使用筷子時,筷子前端夾起壽司飯的部位。

❺徒手拿取時,先在盤子上壽司側翻,接著用側拿的方式取起壽司。

❻用側拿壽司的方式,快速以魚肉蘸一下醬油即可,千萬不要用壽司飯去蘸醬油,因為米飯會吸入過量醬油,影響壽司的味道。

❼入口時米飯朝上,一口把壽司吃進嘴裡。一個壽司基本上都是做成一口大小的量,魚肉和壽司飯之間的比例也是經過調整的,一口吃最美味!

❽吃完壽司後,先吃一下薑片、喝口茶,再繼續品嘗下一個。薑片有殺菌的作用,也能清除食物的氣味,讓下一個壽司不會被前一個的味道干擾。另外,吃到軍艦壽司無法蘸醬時,用薑片蘸點醬油後,再用薑片去蘸壽司上的海鮮。

麵食

めんるい

移民日本的華僑將中華料理發揚光大，
日本常民飲食中也受到不少影響，
吃來爽口彈牙的中華冷麵就十分受歡迎。
以醬油和麻油為基底的風味蘸醬，
搭配各種清爽配料不但好吃也好消暑。

冷し中華
日式中華冷麵

材料（4 人份）

麵（種類） .... 4 球	蘸醬	
麻油 .... 少許	黃芥末 .... 4 小匙	
小番茄 .... 8 ～ 10 顆	砂糖 .... 2 大匙	
小黃瓜 .... 1 條	醋 .... 4 大匙	
火腿 .... 4 片	醬油 .... 6 大匙	
蛋 .... 2 個	麻油 .... 3 小匙	
	柴魚高湯 .... 6 大匙	
	薑末 .... 2 大匙	

作法

1　將蘸醬拌勻，以小碟子或合適的容器盛裝。

2　將蛋打勻後加一點鹽和胡椒調味，煎成薄片後再切成絲。

3　小黃瓜切絲，火腿切絲，小番茄切圓片。

4　將乾麵放入大鍋煮熟（但不要太軟），起鍋後用冷水沖涼後撈起，拌一點麻油後，裝盤。

5　在麵條上擺放③後，附上醬汁，即完成。

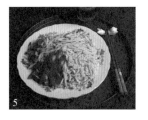

〔美味筆記〕　＊這道醬汁鹹中帶點酸味，夏天裡最適合用酸味甦醒身體和味
Delicious notes　　覺。

　　　　　　　　＊吃的時候再淋上醬汁才不會泡得太軟，可保持麵條和配料的原
　　　　　　　　　本口感。

這道以海鮮配料為主的冷麵，
幾乎零油脂且醬汁熱量較低，
沒胃口或飲食控制時都很適合吃。
吃的時候夾起麵條蘸著醬汁，
清涼滑順的口感讓人感到舒爽。

カラフル海鮮冷麵

多彩海鮮冷麵

材料 (4人份)

		麵汁	
秋葵	10 支	高湯	50ml
蝦子	4 條	薄口醬油	5ml
蟹腳肉	8 條	味醂	5ml
紫菜絲	少許	柴魚削	少許
蔥花	少許		
芥末	少許		
素麵	4 把		

作法

1 將秋葵的蒂頭切掉，用熱水汆燙 30 秒再冰鎮，切薄片放入小缽。蔥花和紫菜絲各裝小缽。

2 蝦子汆燙冰鎮後，瀝乾水份並去殼，放入小缽。

3 買市售蟹腳肉打開即可食用，放入小缽。花枝燙熟後放入小缽。將六碟小缽放進托盤中。

4 煮麵汁，將所有醬汁放入鍋內，煮開後，熄火，放涼。

5 將素麵用水煮熟後，沖冰水去黏膜，裝進裝有冰塊的開水裡。如果怕吃的時候麻煩，也可濾乾裝盤後放兩顆冰塊進去。

6 吃的時候夾起麵條蘸醬汁吃，別有一番風味。

〔 美味筆記 〕
Delicious notes

＊配料可自行變化，當季的食材都可多多運用，夏天食用非常開胃且健康無負擔。

＊如果沒有成套的小缽，配料也可一起裝進小圓盤裡擺放整齊，看起來一樣美味。

蕎麥是產於中亞地區的一種植物，
被日本人發揚光大並揚名世界。
日本蕎麥麵非為 10 割、8 割、5 割等，
是用來標示麵中蕎麥所含的比例，
冷麵和蘸麵一般都是使用「十割」（100%），
在清爽醬汁與配料中，品味蕎麥淡雅之味。

サラダそば
沙拉蕎麥麵

材料 （4人份）

		蘸醬	
蕎麥麵	320g	柴魚高湯	400cc
花枝	100g	醬油	15cc
海草絲	少許	味醂	15cc
青紫蘇	12 片	酒	5cc
蝦仁	8 支		
青蔥	2 根		

作法

1　將蛋拌勻煎成薄片再切絲，花枝切薄片，其餘均切絲。

2　蕎麥麵煮熟後馬上撈起用，冷水洗將麵條上的黏膜去除
　　再用冰水冰鎮，撈起後瀝乾擺盤。

3　將蔥絲、海草絲、蝦仁、花枝切段，排在蕎麥麵上。

4　醬汁均勻混合後以寬口的碟子盛裝，吃麵時蘸著醬汁吃，
　　吃完後可將②煮麵的湯汁加熱，倒入一點醬汁調味，當
　　成湯喝。

3

4

〔 美味筆記 〕
Delicious notes
＊日本人吃麵時會發出「咻咻」的聲響，這跟我們從小被教導吃
飯不要發出聲音的觀念很不相同。為什麼要發出聲音呢？起源
有此一說是來自蕎麥涼麵，因為涼麵要放進醬汁碗裡蘸著吃，
用「吸麵條」的方式可以吸進較多醬汁，吃來分外美味！這也
逐漸演變成吃麵時發出越大聲響，代表麵越好吃的習俗。

世界許多國家都有明太子料理，
日本人獨創的日式明太子義大利麵，
則流傳到世界各地變成一道名菜。
日式風味的關鍵在於海苔絲和紫蘇，
作法簡單可輕鬆複製出國際級美味。

明太スパゲッティ

明太子義大利麵

材料（2人份）

義大利麵	160g	紫蘇	4 片
明太子	100g	切碎的青蔥末	少許
奶油	30g	醬油	適量
海苔絲	少許	昆布茶粉	適量

作法

1　以鹽水煮麵條，依照包裝式的標示，比標準煮法少30秒，撈起待用。

2　放入奶油再放入明太子（去膜切碎），拌炒後放入麵條，再略炒。

3　接著加入昆布茶粉和醬油，稍微拌炒即可。

4　裝盤後撒上海苔絲、紫蘇絲，最後再撒上青蔥末。

4

〔 美味筆記 〕　　＊若不易購買明太子，也可使用烏魚子，別有一番風味。
Delicious notes　　＊義大利麵在拌炒過程中會持續加熱，因此煮麵時不要煮到全熟、要留麵心，以免麵條太軟爛失去口感。

這道醬油酒泡五花肉（前田家の豚のさしみ），
是前田家新年必吃的一道料理，
除了切片拌生菜吃非常爽口，
我也將它切片用來替代拉麵上的叉燒肉片。

前田家ラーメン

前田式拉麵

醬油酒泡五花肉材料

五花肉...........................600g
醃泡汁
　醬油 ....1 杯
　燒酒 ....1 杯
　味醂 ....2 大匙

作法

1　將五花肉去皮，放入平底鍋乾煎，至全部金黃色時撈起。

2　再放入熱水煮 30 分，撈起。

3　用保鮮盒將醃泡汁拌勻後，將五花肉放入醃泡一夜，即可食用。

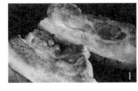

拉麵材料

醬油酒泡五花肉..........數片
高湯..........................適量
拉麵..................4 球約 400g
蔥花..........................適量

作法

1　起一鍋熱水煮拉麵。

2　在碗公裡放入醃泡汁 2 大匙，加入少許蔥花，注入高湯。

3　將煮好的拉麵放入碗公，再將肉片鋪滿，撒上蔥花，再加滿高湯，完成。

〔 美味筆記 〕
Delicious notes

＊秉持不浪費的原則，煮五花肉的湯可以用來當作高湯，比起用大骨高湯風味更佳，絕對比外面賣的拉麵好吃。只要先做好醬油酒泡五花肉，冰在冰箱裡，要吃的時候隨時拿出來，非常方便。

幕之內便當的豐盛美好

　　幕之內便當（Makunouchi bento）是日本最有代表性的便當，相傳是在江戶時代，為了給觀看戲劇（歌舞伎）的觀眾，在等待下一幕戲開演前吃的便當，所以稱為幕之內。特色是整體視覺豐富又具分量，而且價格不菲。如今精緻一點的日式便當，也會稱為幕之內便當。

　　我的第一次幕之內便當便當初體驗，也是第一次看日本舞蹈的體驗。當時，我在日本打工的內山社長夫人要登台表演，就像是中國的「票戲」，是非職業性的業餘演員所做的演出。也託社長夫人表演之福，讓我這個窮留學生有機會受邀前往觀賞。坦白說，我第一次看日本舞蹈演出，只覺得舞台上的社長夫人服裝非常華麗，但其他的實在是看不懂，只能很認真地拍手，盡量當個稱職的觀眾。

　　沒想到觀賞完後，社長還送我很大一盒、用布包起來的幕之內便當。看著這個繽紛美麗的便當，當下我真是驚喜萬分，因為豪華的幕之內便當價格昂貴，就算有錢買我也捨不得吃吧！我很珍惜地小口小口慢慢吃，根本無法想

像我看的這場表演，以及手中這個便當要價多
少錢？

　當時的日本貴婦間流行票戲，據聞一次公演
每個演員的花費，除了服裝最少要三百萬日圓
以上，還有邀請觀眾加上幕之內便當，也要花
費兩百萬日圓左右。日本舞蹈演出對我來說遙
不可及，我這一生應該不會去做這樣的事，但
是幕之內便當實在是太美味可口了，我願意花
一萬日圓，再吃一次最頂級的幕之內便當！

　也由於那一次的美好體驗，讓我對做便當這
件事充滿樂趣與喜悅。空閒時，我喜歡帶著畫
冊四處去寫生，心血來潮時我會為自己準備一
份特別的便當，我稱之為「前田太太的幕之內
便當」，便當做好後，還要用特地買來的美麗
花布包裹，就像是看待一份禮物般珍貴而慎重。
我也做了不少便當送給朋友，獲得了許多讚賞，
這也鼓勵我為「和 Dining 伊万里」餐廳創作了
一套幕之內便當，提供給客人在火車上享用。
當客人傳給我開心享用便當的照片時，真的讓
我好滿足！

幕之內便當是「和 Dining 伊万里」餐廳的
招牌菜之一。

讓客人在火車上享用的便當，希望能為旅
程畫下一個完美的句點。

小鉢 & 常備菜

小鉢、常備菜

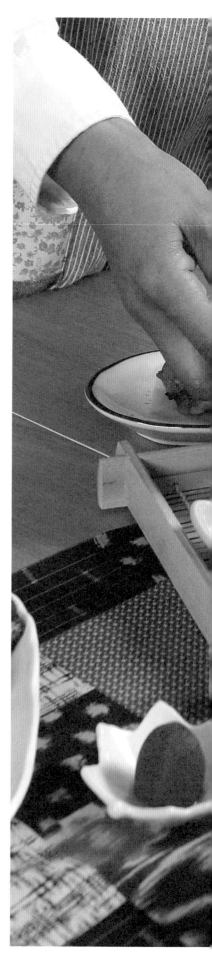

黑與白、酥與脆，
讓味蕾驚喜的可口小菜。

焼き山芋海苔和え

山藥拌紫菜碎

材料（4人份）

山藥	200g
壽司捲紫菜	1片
鹽	適量

作法

1 將山藥切成長4公分方形狀，放入已預熱的烤箱中，將四面都烤至微微焦黃，置涼。

2 紫菜放入乾淨塑膠袋中，用手揉成一口大小的碎片，加入適量的鹽後，再將烤好的山藥放入，抓緊袋口混合拌勻。

3 將②倒出盛盤，即完成。

養生又健康的小菜，
也很適合搭配吐司當早餐。

いもサラダ

地瓜沙拉

材料（2 人份）

地瓜 .... 1 個約 300g
鹽、胡椒 .... 少許
洋蔥 .... 1/4 個
美乃滋 .... 2 大匙
原味優格 .... 1 大匙

作法

1　地瓜洗淨，帶皮切 1.5 公分厚丁狀，以微波爐加熱 6
　　分鐘後，用紙巾將表面水分吸乾。

2　洋蔥切細絲泡水，約 5 分鐘後撈起濾乾。

3　將①＋②及美乃滋、優格全部拌勻，完成後裝盤。

竹筍是營養豐富的高纖食材，
沒有胃口的酷夏，善用竹筍做成各式料理吧。

竹の子とワカメのお浸し

竹筍佐海帶芽

材料（4人份）

竹筍 .... 1 支
海帶芽（若布）............. 少許
煮汁
　高湯......................... 100ml
　薄口醬油 5ml
　味醂 5ml

作法

1　將竹筍帶殼水煮 20 分鐘後，沖涼去皮。

2　切片，放入煮汁煮至水份成一半時，約 30 分。

3　海帶芽用熱開水泡開，擰乾。

4　將煮好的竹筍夾 3 ～ 4 片放入小缽中，再放入一點海
　　帶芽，最後淋上煮汁即可。

豆類料理會比較吃油，
利用涼拌方式不但減油又爽口。

さやいんげんの黒ごま和え

四季豆佐黑芝麻

材料（4人份）

四季豆 200g
黑芝麻 ....3 大匙
砂糖 ....1 大匙
醬油 ....1 又 1/2 大匙

作法

1　將黑芝麻乾炒至有香味後，再稍微磨碎，加入砂糖和
　　醬油拌勻。

2　將四季豆汆燙後沖涼，濾乾。

3　要食用前，再將①＋②拌勻後盛盤。

〔美味筆記〕　＊汆燙四季豆，燙好後要馬上撈起並
Delicious notes　　用冷水沖涼，才能保持翠綠色澤與
　　　　　　　　清脆口感。

色澤豔麗、賞心悅目，
帶點辣味的甜醋汁非常開胃。

紫きゃっべつのあます漬け

紅高麗菜漬甜醋

材料（2人份）

紅高麗菜	300g
鹽	少許

甜醋汁

醋	5大匙
砂糖	2大匙
鹽	2/3小匙
胡椒	少許
紅辣椒	1支
肉桂葉	1片

作法

1　將紅辣椒去籽切輪狀，肉桂葉對切，加入甜醋汁後一起拌勻。

2　將紅高麗菜去蕊心，切絲，煮水放入鹽汆燙濾乾。

3　濾乾的②馬上放入甜醋汁內，拌勻待涼後放入冰箱冰鎮，要吃的時候再取出所需份量。

〔美味筆記〕
Delicious notes
＊除了當作開味菜享用，也可當成三明治配料，或是擺盤裝飾。做好後可冷藏保存一星期，是非常實用的一品。

作法簡單，充滿蔬菜美麗的色彩，
利用季節性野菜製作，讓眼睛和舌頭都快樂。

彩り野菜の京風揚げびたし

京都風舞彩野菜浸

材料（2人份）

蓮藕...............................80g
茄子................................1條
紅椒...........................1/4 個
青椒...........................1/4 個
山藥...............................80g
炸油............................適量

醬汁

　水.................................1 杯
　味醂.......................1 大匙
　醬油.......................2 大匙
　柴魚削............4g(1 小袋）

作法

1　將醬汁材料全部放入鍋內煮開後過濾，備用。

2　蓮藕和山藥切 0.7 公分的半月形，其他蔬菜用滾刀切塊。

3　用攝氏 170 度的熱油將②炸熟，撈起濾油後放入①浸泡，即完成。

〔 美味筆記 〕　＊夏天時當作常備菜放入冰箱，隨時
Delicious notes　　可以當副菜用。

一向屈居配角的菇類，
其實只要用簡單的醬汁料理，
就能吃出單純的鮮美滋味。

和風しめじ炒め

和風炒菇

材料（4人份）

鴻喜菇、金針菇 各2包
辣椒 1根
沙拉油 1大匙

醬汁

　砂糖、醬油、酒 各1大匙

作法

1　將菇的硬皮去除，用手撥開後，金針菇切段。辣椒去籽切絲。

2　先用小火炒辣椒，再放入菇類，炒2～3分鐘。

3　加入醬汁煮至收湯汁，即完成。

〔 美味筆記 〕　＊菇類一年四季都有，取材容易，素
Delicious notes　　食可吃。料理時要注意不要煮過
　　　　　　　　　頭，才不會失去菇的風味。

豆腐排吃起來有肉般的扎實感，
風味更清爽也較少負擔。

油揚げしそみそ挟み

油豆腐夾紫蘇味噌

材料（4人份）

油豆腐............................2 個
鹽、胡椒.........................少許
味噌............................2 大匙
青紫蘇...........................8 片
沙拉油.........................2 大匙

作法

1　將油豆腐切成 4 等份長形，再從切面中間輕劃一刀不切斷。

2　切口裡面撒上鹽和胡椒，再將切絲的紫蘇夾入，開口處抹上味噌。

3　將②放入鍋內排好，用中火將兩面煎至金黃色即可。

〔 **美味筆記** 〕
Delicious notes

＊在豆腐上劃出開口與夾入餡料時要小心，不要將豆腐弄破了。使用尖端較細長的筷子夾料，會比較好操作。

充滿奶油香和小魚乾的鹹香，
是補血、補鈣都均宜的美味小品。

しらすほうれん草バータ炒め

波菜小魚奶油炒

材料（4人份）

波菜 300g
奶油 1大匙
小魚乾 30g
醬油 1小匙
鹽 ....少許

作法

1　將菠菜切成5公分長段。

2　鍋子加熱放入奶油，再放入波菜拌炒。

3　另一鍋乾炒小魚乾至香氣溢出，再倒出拌入②的鍋
　　裡，加鹽與醬油調味即完成。

口感柔滑綿密的薯泥很適合當西餐配菜，
用來製作三明治或夾吐司也很可口喔。

じゃが芋サラダ

馬鈴薯泥

材料（4人份）

馬鈴薯............................ 4 個
牛奶...................... 1 又 1/3 杯
奶油............................. 2 大匙
鹽、胡椒..................... 各適量

作法

1　將馬鈴薯去皮切半，放入電鍋加點水蒸熟。

2　將蒸好的馬鈴薯磨成泥狀。

3　用另一個鍋子放入牛奶、奶油、鹽、胡椒煮開拌勻，
　　再加入馬鈴薯繼續拌至泥狀。

4　起鍋放涼後，先冰鎮過待要吃時再取出。

這是自家院子採收的辣椒，
我把醬汁改良成和風式的，
在炎炎夏天吃來非常開胃。

和風皮むき辛子

和風剝皮辣椒

材料

綠辣椒............................300g
泡汁
　醬油、清酒........各 4 大匙
　柴魚高湯................2 大匙
　味醂.......................2 大匙

作法

1　將綠辣椒放入油鍋油炸 30
　　秒，馬上撈起用水沖涼，
　　去皮、去籽。

2　將泡汁混合，煮開後待涼。

3　將①放入密封罐中排好，再注入泡汁醃泡 3 天，即可
　　食用。

〔美味筆記〕　＊花蓮的土地非常適合種植辣椒，朋友給了5顆苗，居然每隔一週
《Delicious notes》　就可收成2斤多，連續收了大約8次。要不是颱風來的話，真無
　　　　　　　　法想像到底會生產多少？難怪花蓮街上到處在賣剝皮辣椒呢！

八方醬汁是指將柴魚高湯、味醂、醬油，
以 8：1：1 的比例調和，可用於所有青菜，
是日本家庭常備菜裡不可缺少的經典醬汁。

しらすとほうれんそうの八方汁

吻仔魚波菜佐八方醬汁

材料（4人份）

波菜...............................300g
乾炒吻仔魚....................少許

八方醬汁

　柴魚高湯.....................80g
　味醂...........................10g
　醬油...........................10g

作法

1　將波菜汆燙冰鎮，濾乾切段，擺盤備用。冰鎮水不要
　　丟掉，可再用於冷卻醬汁。

2　以小火將八方醬汁拌勻，冷卻後，淋入①，再撒上一
　　點乾炒吻仔魚，即完成。

在菠菜盛產的季節裡，
變化各種不同的作法，
把季節美味吃進肚子裡吧！

ほうれんそうのお浸し

波菜浸高湯

材料（4人份）

波菜 400g
醬汁
　柴魚高湯 .... 8 大匙
　淡醬油 .... 2 大匙

作法

1　汆燙波菜，鍋裡加少許鹽，撈起後放入冰水泡 5 分鐘。

2　擰乾後，泡入醬汁裡 10 ～ 15 分鐘。

3　裝盤後再撒上柴魚花，即完成。

〔 美味筆記 〕　＊菠菜汆燙好要再冰鎮過，泡入醬汁
Delicious notes　　前要先擰乾水分，吃起來最美味。
　　　　　　　　醬汁可用市售的柴魚醬油代替。

菠菜和芝麻都富含豐富的營養，
特於補血和缺鈣可說是最佳的食療。

ほうれんそうのごま和え
波菜佐芝麻

材料（4人份）

波菜 400g
醬油 .... 2 小匙

醬汁

　乾炒白芝麻 .... 2 小匙
　砂糖 .... 少許
　醬油 .... 2 小匙
　味醂 .... 2 小匙

作法

1　波菜整株汆燙好後放在砧板滴入醬油，用手搓勻後，
　　切 3 公分長段後擰乾。

2　放入大碗裡，加入醬汁拌一拌，即可裝盤。

把油豆腐用昆布風味的醬汁煮透，
吃起來有飽足感，又清爽不膩。

だし昆布の煮物

油豆腐昆布高湯煮

材料（2人份）

油豆腐..........................2 塊
昆布..........................適量
沙拉油........................1 大匙
醬汁
　水..........................1/4 杯
　砂糖....................1/2 大匙
　醬油............1又 1/2 大匙
　酒..........................1 大匙

作法

1　利用煮過高湯的昆布切成 10 公分的長絲狀，油豆腐 1
　　切 8 片。

2　平底鍋加熱放入沙拉油，將①和醬汁一起煮至收汁即
　　可。

〔美味筆記〕　＊日本人是非常善用食材的民族，幾
Delicious notes　乎沒有可以丟掉的部位，熬過的昆
　　　　　　　布不要丟掉，洗淨後放入冷凍箱保
　　　　　　　存可再利用。

金平牛蒡是日本料理必備菜，也很適合帶便當。
這種煮法可用於昆布、蘿蔔等各式菜類。

きんぴらごぼう

金平牛蒡

材料（4人份）

牛蒡 ....1/2 根
紅蘿蔔 ....2/3 條
麻油 ....1 大匙
紅辣椒 ....1 條
水 ....1/2 杯
砂糖、醬油............各 2 大匙
酒、味醂 ....各 1 大匙
白芝麻 ....適量

作法

1 用刀背去牛蒡皮，先切成 0.5 公分長，0.3 公分厚的長
   條狀後斜切絲，用醋水漂洗。

2 紅蘿蔔洗淨後以刀背去皮，切 5 公分長絲後，濾乾。

3 用麻油先炒紅辣椒至出味，放入牛蒡和紅蘿蔔。再加
   水轉強火煮至收水，

4 接著加砂糖拌炒後，加入酒、味醂、醬油，至收汁後
   再撒上乾炒過的白芝麻，完成。

〔 美味筆記 〕   ＊牛蒡和紅蘿蔔都需要煮軟才入味，
Delicious notes   加水用大火炒至軟後再加砂糖，會
                  更入味好吃。

稍微炒軟的茄子淋上酸甜醬汁，
冰鎮後再吃，格外爽口、消暑。

なすのマリネ
油漬茄子

材料（4人份）

茄子	6 條
番茄	1 大個
洋蔥	1/2 個
橄欖油	適量

醬汁

檸檬汁	3 大匙
鹽	1 小匙
胡椒、蒜末	各少許
橄欖油	2 大匙
鹽	1/2 小匙

作法

1　茄子切 5 公分長段後再剖半對切，表皮以斜刀劃出紋路。番茄切 1 公分小丁，洋蔥切碎。

2　將醬汁材料拌勻後，加入番茄和洋蔥，待涼後冰鎮。

3　用強火加入橄欖油炒茄子，約炒 4 分鐘後熄火，加鹽拌勻。

4　將炒好的茄子攤開在大盤子，待涼後放入冷藏，食用時再淋上②的醬汁。

〔 美味筆記 〕　＊將切好的茄子先泡過醋水，可讓茄
Delicious notes　　子不變色。或加入去籽番茄同煮，
　　　　　　　　　也可預防變色。

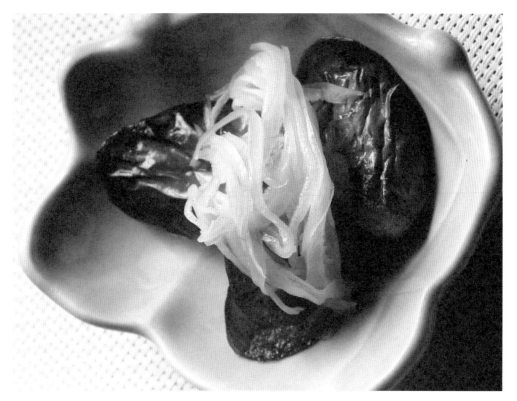

南蠻是指來自歐洲的料理,在日本開放門戶時,
歐洲各國侵入日本時所帶來的料理方式。
除了可以用來煮茄子,也可換成魚、蝦、肉等食材。

なすの南蛮漬け

南蠻漬茄子

材料（4人份）

茄子 ....1 條
洋蔥 .... 1/4 個

南蠻漬醬汁

　醋、味醂、酒......... 各 50cc
　砂糖 2g
　醬油 5g

作法

1　將茄子先橫切半,劃格子刀再切 8 公分段,撒上乾麵粉後皮朝下炸熟。

2　將南蠻漬醬汁放入大碗裏拌勻。

3　洋蔥直切 0.3 公分輪狀,先放入南蠻漬醬汁,再將炸好的茄子放入,即可裝盤。

〔 美味筆記 〕
Delicious notes

＊剩下的南蠻漬醬汁不要丟棄,可再浸製一次食材,浸泡茄子的醬汁可改做其他魚肉類。但泡過魚類的盡量避免再泡蔬菜喔。

這道菜多煮一點備用，
要吃的時候隨時有，
放冷藏可保存 5 ～ 7 天。

香菇昆布煮

乾香菇昆布煮

材料（4 人份）

乾香菇.......................... 數朵

昆布 60g

煮汁

　香菇水 ....3 杯

　醬油 ....4 大匙

　酒.............................1/2 杯

　味醂 ....2 大匙

　砂糖 ....1 大匙

作法

1　乾香菇泡水變軟後去硬蒂。

2　昆布切 1.5 公分大小。

3　鍋內將煮汁全部放入，留一半的醬油最後再放。

4　用中火慢煮 30 分鐘至收汁即可。放涼後以密封容器盛裝冷藏。

〔 美味筆記 〕
Delicious notes　　＊若是選用小朵的香菇可不切，保留完整性。大香菇則需要切成 4 片再煮，會比較入味、好吃。

196

這道菜是四國的宇和島當地媽媽教的，
作法簡單、口感清爽好吃，
常備於冰箱，是一道可口的佐餐與下酒菜。

胡瓜のビール漬け

啤酒小黃瓜漬

材料

小黃瓜 .... 10 條
醃汁
　和芥末 2g
　砂糖 130g
　鹽 40g
　啤酒 .... 1/2 瓶

作法

1　將小黃瓜洗淨，帶皮滾刀斜切成大塊，濾乾水份。

2　將醃汁放入保鮮盒拌勻，再放入小黃瓜醃泡。

3　放入冰箱冰 2 天後食用，滋味最佳。要吃時再取出需要的份量。

這是向在台日本料理名廚岩城 勉老師學的，
也是道作法簡單、可常備於冰箱的可口小菜。

エリンギ煮つけ

煮杏鮑菇

材料（4人份）

杏鮑菇 .... 2 支
明太子 .... 少許

煮汁

柴魚高湯 80ml

醬油 5cc

味酥 10cc

砂糖 .... 1 小匙

作法

1　將杏鮑菇去硬皮切成 1 公分 寬的長條狀，放入煮汁
　　煮，煮置收汁一半時，熄火裝盤。

2　將去膜後的明太子取適量，擺在已裝好的杏鮑菇上，
　　再淋一點煮汁，即完成。

這道菜要吃冰涼的更有風味，
很適合炎熱的夏天增加食慾。

トマトサラダ
番茄沙拉

材料（4人份）

牛番茄	4 個
洋蔥	1 個
巴西里	少許

醬料

橄欖油	1/2 杯
醋	1/4 杯
鹽	1/2 小匙
胡椒	少許
砂糖	1 小匙

作法

1　將番茄切薄片輪狀，直接擺盤繞一圈。

2　洋蔥切碎泡水，濾乾。巴西里切碎。

3　將洋蔥碎撒在番茄薄片上，再撒巴西里碎。食用時淋上醬料即可。

這道菜保留了綠花椰菜的清脆口感，
搭配濃郁的可口醬汁，非常開胃！

ブロッコリーの明太子和え

綠花椰菜佐明太子

材料（4人份）

綠花椰菜......................2 朵
明太子 ....1 副
美乃滋........................3 大匙
牛奶 ....2 大匙

作法

1　將綠花椰菜去硬皮，切小塊，汆燙約 30 秒後馬上撈起泡冰水。

2　明太子去薄膜，加入美乃滋和牛奶攪拌均勻。

3　將①的花椰菜撈起濾乾，加入②略拌勻後，即可盛盤。

〔 美味筆記 〕
Delicious notes

＊燙花椰菜的重點在於，水煮開後汆燙約30秒，用竹籤插菜梗，可以穿過時馬上撈起泡冰水，既可保持翠綠色澤，口感也清脆好吃。

下班後趕著做晚餐時，
這樣的小菜能簡單、快速料理，
翠綠顏色還能增加餐桌的色彩。

ブロッコリーの山葵和え

綠花椰菜佐芥末美乃滋

材料（4人份）

花椰菜............................300g
鹽 ....少許
美乃滋..........................4大匙
芥末籽..........................4小匙

作法

1　將花椰菜去硬皮切小塊，用熱水加鹽煮約1分鐘後撈
　　起瀝乾，留點口感。

2　將美乃滋和芥末籽放入大碗內拌勻，再將①加入拌
　　勻，即可裝盤。

用奶油將麵包粉炒得香脆，
搭配水煮蛋鬆軟綿密的口感，
是在冷天享用也美味的溫沙拉。

綠野菜のカリカリパン粉がけ

綠野菜佐酥麵包粉沙拉

材料

四季豆 .... 1 小把
蘆筍、綠花椰菜............. 適量
水煮蛋 ....1 個
麵包粉.........................1/2 杯
奶油 10g

法式沙拉醬

大蒜末 ....1/2 顆
橄欖油 120ml
白酒醋 40ml
鹽、胡椒 ....各適量

作法

1　四季豆去筋，蘆筍去硬皮切段，綠花椰菜去皮分小朵，
　　以熱水汆燙 1 分鐘撈起冰鎮，盛盤。

2　將水煮蛋切碎。

3　平底鍋放入奶油，加入麵包粉用中火炒至金黃色。

4　將混合後的法式沙拉醬淋在綠野菜上面，再撒上水煮
　　蛋，即完成。

海草有豐富的膠質和礦物質，
以醋汁和薑調味是絕佳的開胃菜。

海草の酢付け

醋漬海草

材料

海草 200g

小黃瓜 1條

薑 .... 少許

醋汁

　柴魚高湯 .... 4 大匙

　白醋 .... 3 大匙

　糖 .... 2 大匙

　醬油 .... 1 小匙

作法

1　海草洗乾淨切段，汆燙冰鎮。

2　將小黃瓜切絲，薑切成細絲

3　將醋汁煮開待涼，再所有食材拌入，即可盛盤。

土佐是指四國（高知）的名產柴魚削，
用柴魚和醬油漬泡的料理就是土佐漬。

大根セロリ土佐漬け

蘿蔔西芹土佐漬

材料（2～3人份）

蘿蔔............................300g
西洋芹............................1支
柴魚削..............................2g

土佐漬汁

   酒....................1大匙
   醬油....................2大匙
   柴魚削..........................4g

作法

1   蘿蔔去皮切1公分角狀，西洋芹去筋和葉子，切1公分角狀。

2   將①用1：20的鹽水泡10分鐘後，擰乾去澀味。

3   將土佐漬汁拌勻，將①倒入醃泡15分鐘後，擠去水分裝盤。

4   最後再撒上柴魚削，即完成

簡單但高雅清爽的味道，
吃來口齒生津還能解膩。

大根うめ山葵漬け

蘿蔔佐梅子芥末

材料（2 人份）

蘿蔔 160g
日本鹹梅 .... 2 顆
柴魚削 4g
生芥末 .... 1 小匙

作法

1　蘿蔔去皮切 5 公分長條絲狀。

2　將①用 1：20 的鹽水泡 10 分鐘後，擰乾去澀味。

3　將梅子去籽，用刀子剁一剁。

4　將柴魚削、梅子、芥末加入蘿蔔，拌勻即可。

鹽麴是用米、麴菌和鹽發酵的調味料，
滋味甘醇，含有能幫助腸胃蠕動的益菌，
是近幾年備受推崇的養生食品之一。

大根の塩麴漬け

鹽麴蘿蔔皮

材料（4人份）

蘿蔔皮...........................200g

蘿蔔葉...........................100g

鹽麴...........................2大匙

橄欖油...........................2大匙

作法

1　將蘿蔔皮厚切成 2 公分長條，蘿蔔葉切 2 公分，用 1:20 的鹽水泡 10 分鐘後擰乾。。

2　用橄欖油將①炒至軟，再加入鹽麴略炒，即可盛盤。

這道菜可做起來保存，是很方便的菜色，
當成便當的配菜，也會讓便當增色許多。

紅白酢付け

醋漬紅白蘿蔔

材料（4 人份）

白蘿蔔 300g

紅蘿蔔 50g

鹽 .... 少許

漬汁

　砂糖 .... 2 大匙

　鹽 .... 1 小匙

　醋、柴魚高湯 .... 3 大匙

作法

1　先將漬汁拌勻略煮，待涼。

2　紅、白蘿蔔去皮切 3 公分長條薄片狀，撒上少許鹽去
　水分後再擰乾。

3　接著加入漬汁，醃泡製入味即可。

花蓮旬之美味

　　前田先生退休後，決定到花蓮定居的原因很簡單，對前田先生來説，這裡有他認為是全台灣最棒的市區高爾夫球場，對我，美景加上美食有著莫大的吸引力，一開始單純的想法，竟讓花蓮成為我們後半輩子最重要的起點。

　　我愛吃魚也愛海，每天面對太平洋，看著火紅的朝陽從海平面上升，這是花蓮獨有的美麗。看完美景，更吸引我的，是新鮮的漁獲，因地理位置得天獨厚，每年有大量魚類會隨著黑潮洄游至花蓮沿海。剛到花蓮展開新生活時，清晨五點開車送前田先生去打高爾夫球後，我會到七星潭的定置漁場，看漁民將漁獲從海上的定置網中拉上岸，然後在旁邊的漁市叫賣。不管是叫不出名字的、長相各異的魚，每一尾都活碰亂跳。對於我這個極度愛吃魚的人來説，這裡實在是天堂。

　　逛市場也是一大樂趣！每次上市場我總是讚嘆上天的偉大並且感佩農民的辛勞，帶給我們這麼多豐盛且豐碩的蔬果，一顆顆像寶石一樣的彩色小番茄、外皮深紫閃耀金屬般光澤的茄子、口感鬆軟綿細的栗子南瓜……，要不是怕吃不完，我多想每一樣都買一些嚐嚐，試試可以如何運用在料理之中？

　　這些純樸可愛的攤販，相處久了總是不吝與我分享各種獨家美味秘訣，或是把好的商品留給我，我也樂意提供從 MBA 課程中學到的行銷觀念，希望能幫助他們運用在生意上，可以有更好的收入。像是我最常光顧的魚攤子，因漁獲量大時價格總是很便宜，賣不出去的魚又會造成損失，看到新鮮的魚就這麼白白浪費掉，實在讓我好心疼！後來我請魚老闆試著把一部分的魚做成真空包裝，不但可延長保鮮期，還能透過宅配把魚賣到全台各地。過了一段時間後，魚老闆很高興地告訴我，他的營業額增加

不少，也不再擔心賣不出去魚會腐壞造成浪費
的問題。

　　像這樣的互動，總是讓我充滿感動，除了人
與人之間彼此的真情交流外，我很高興自己也
能為這些可愛的鄉親做些什麼，越融入花蓮，
就讓我越愛花蓮，也更像個花蓮人了！下次來
到花蓮，留點時間到菜市場逛逛吧，相信你會
有許多的驚喜與收穫。

花蓮四季漁獲
一月：曼波魚、白帶魚、青鱗。
二月：赤尾、卓鯤、青鱗、皮刀。
三月：尖梭、赤尾、鰹魚。
四月：鰹魚、鯖魚、紅甘。
五月：鬼頭刀、飛魚、曼波魚、馬連旗魚。
六月：鬼頭刀、土魠、曼波魚、馬連旗魚。
七月：圓花鰹。
八月：鬼頭刀、水尖。
九月：水尖、馬加、目孔、四破、馬連旗魚。
十月：目孔、馬加、白皮旗魚、馬連旗魚。
十一月：馬加、白皮旗魚、皮刀、黃旗鮪。
十二月：紅甘、小黑鮪。

花蓮四季農畜產
一　月：韭菜、土雞、貴妃魚。
二　月：芭樂、黃金蜆。
三　月：青梅。
四　月：蔥。
五　月：筍。
六　月：西瓜、絲瓜、苦瓜、南瓜、果豔梨。
七　月：輪胎茄、空心菜、龍鬚菜、香蕉。
八　月：蕗蕎、金針。
九　月：柚子。
十　月：高麗菜、大白菜、地瓜。
十一月：翼豆、洛神、紅藜、芋頭。
十二月：酸菜。

點心 & 甜點

おやつ、デザート

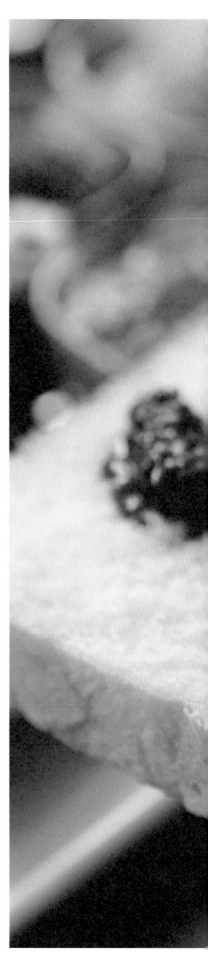

想吃點心或是有點嘴饞的時候，來做這道天然美味的點心吧！
栗子南瓜是日本品種，近年在花東和南部地區栽種成功，
特色是有著栗子般桑綿的口感。
栗子南瓜的鬆軟綿密加上奶油的柔滑，讓人意猶未盡，還想再吃一個！

栗かぼちゃのバータ焼き

栗子南瓜奶油燒

材料（4人份）

栗子南瓜.......1/4 個（240g）
奶油 ....2 大匙
鹽 .... 適量
巴西里碎...................... 適量

作法

1　栗子南瓜仔細清洗後，帶皮切半圓，再切成 1 公分厚。

2　平底鍋加熱後放入奶油，將南瓜片排好煎至金黃色再翻
　　面，撒上鹽調味。

3　起鍋，擺盤後再撒上巴西里碎。

〔 美味筆記 〕
Delicious notes

＊南瓜表皮有許多果肉所沒有的營養，連皮吃最好。這道食譜只
　有用鹽調味，選擇品質好一點的自然鹽，即可將南瓜的甜度釋
　出。

＊花東縱谷每當過完年時，各式各樣的南瓜大豐收，請把握這個
　時期多多享用南瓜料理。日本人所説的「旬之味」就是指充分
　享受當季食材的美味。

大阪燒是一種蔬菜煎餅，
是日本關西地區聞名的平民美食。
添加的佐料可依個人喜好調整，
假日和孩子一起動手做來吃，
歡樂氣氛讓全家人吃得開心又滿足。

お好み焼き

大阪燒

材料（4人份）

豬三層肉薄片	12 片	柴魚削	12g
高麗菜	4 片	青苔	少許
沙拉油	4 大匙	**麵糊**	
美乃滋	4 大匙	低筋麵粉	4 杯
市售中濃醬汁	8 大匙	蛋	2 個
櫻花蝦	20g	柴魚高湯	3.5 杯

作法

1　高麗菜去梗切絲，將麵糊拌勻備用。

2　將櫻花蝦乾煎爆香後，和高麗菜絲一起加入麵糊拌勻。

3　先將豬肉片平舖於平底鍋，待肉片變色後，再倒入②的麵糊，煎到底部呈焦黃狀再翻面。

4　煎另一面邊用鏟子輕壓定型，直到煎好為止。

5　裝盤後，先在表面塗上美乃滋後，再淋上濃醬汁，最後加上柴魚削和青苔。

〔 美味筆記 〕　　＊冰箱剩餘食材均可多加利用。想要豪華一點，可再加上花枝、
Delicious notes　　　　干貝、蝦子等海鮮，再放上乳酪，不比餐廳吃的遜色喔。

前田先生因父親工作緣故，加上婆婆是長崎人，
從小直到高一階段都居住在長崎。
HATOSHI 是前田家每逢過年必吃的長崎料理，
這是源自於明治時代、從中國傳過來的，
廣東人稱蝦吐司，已演變成長崎的家常菜。

はとし
炸蝦吐司

材料（2 人份）

蝦仁	300g	砂糖	1 小匙
蛋	1 個	巴西里	少許
吐司	14 片	海苔酥	少許
鹽	少許		

作法

1　將蝦仁去腸泥後用刀背切碎。巴西里切碎。

2　將蝦仁泥、蛋、鹽、砂糖拌勻後，分成 7 等份。

3　將②抹在吐司上，再蓋上一片吐司後，用叉子在吐司邊用力壓，使其封口。

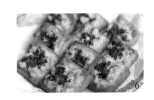

4　將吐司裝盤蓋上保鮮膜，以微波爐加熱 1 分半鐘。

5　起油鍋，用攝氏 160 度熱油將④炸至酥脆，撈起瀝油後切半後。

6　最後撒上適量海苔酥裝飾，即完成。

〔美味筆記〕　＊可以的話，盡量選購「三明治專用吐司」，口感吃起來會更
Delicious notes　　棒。炸得又酥又脆的吐司口感極佳，搭配又鮮又Q的蝦泥甚是美
　　　　　　　　　味！

香蕉磅蛋糕是很基礎的烘焙甜點，
這個配方是我反覆試驗多次後，
覺得在口感與香氣各方面最佳的配方。
黑糖與香蕉的香氣濃郁卻不膩口，
是全家大小都會喜愛的可口點心。

黑砂糖バナナケーキ

黑砂糖香蕉蛋糕

材料（4人份）

蛋黃糊		蛋白霜	
蛋黃	4 個	蛋白	4 個
黑糖	70g	砂糖	40g
沙拉油	50g		
鮮奶油	15g		
香蕉泥	120g		
檸檬汁	15g		

作法

1 為避免香蕉泥變色，先用檸檬汁混合定色。

2 先將蛋黃糊部分，按照上方材料排列順序逐一混合拌勻後，備用。

3 將蛋白＋糖打發後，用 1/3 的蛋白霜加入蛋黃糊裏輕輕拌勻後。

4 再倒入 1/3 蛋白霜繼續拌勻，最後將剩下的 1/3 蛋白霜再加入拌勻。

5 入模，將②全數倒入模型裡後，輕輕敲一下模型邊緣讓麵糊更緊密，放入烤箱。

6 烤箱先預熱至攝氏 180 度，再以 180 度上下火烤 35 分鐘。

7 烤好後必須倒扣，待涼後再脫模，要吃的時候再切片。

〔 美味筆記 〕　　＊因各家烤箱大小、溫度不同，步驟⑤設定35分鐘烤好時，先用
Delicious notes　　　筷子插一下，不沾黏即可，不夠時再延長烤5分鐘。

將抹茶結合日本清酒做出的甜點，
內餡放的是柔軟甜蜜的紅豆餡料，
搭配現沏的熱茶，暫時放下手中雜務，
好好享受充滿日式氛圍的閒情時刻。

抹茶酒まんじゅう

抹茶酒饅頭

材料（10 人份）

抹茶粉	2g	酒糟	50g
砂糖	80g	日本清酒	20g
低筋麵粉	100g	薑	少許
泡打粉	3g	紅豆餡	100g

作法

1　紅豆餡分成十等份。酒糟加清酒拌勻，加入砂糖，加熱，最後加入一點薑末。

2　將抹茶粉加入，調好的酒糟用過濾網過濾放入，再將麵粉和泡打粉過篩，放入。

3　桌面撒點麵粉，手上也沾點麵粉，將麵糰搓呈長條狀，切成 10 份。

4　再將麵皮揉開放入紅豆餡，搓圓，放入蒸籠噴點水，蒸 13 分鐘，完成。

〔美味筆記〕
Delicious notes
＊我喜歡買屏東萬丹紅豆，新紅豆很容易煮，自己煮的特別香，也比較好控制糖分。煮多一點可冷凍保存，有需要時即可使用。

夏天裡，把事先做好的杏仁豆腐冰鎮，
吃起來冰涼爽口，暑意瞬間消除不少。

ふるふる杏仁豆腐

日式杏仁豆腐

材料（2 人份）

果膠粉......................7g	**A** 牛奶...............1 又 1/2 杯
水.........................2 大匙	鮮奶油...................1/2 杯
杏仁精.........................少許	煉乳.......................2 大匙
薄荷葉..........................2 片	砂糖.......................2 大匙
桑葚或櫻桃...................2 顆	

作法

1　果膠粉加水溶化。

2　用中火將 **A** 邊煮邊攪拌，離火後加入①再拌勻。

3　將②隔冰水冷卻，拌至稠狀時再加杏仁精拌勻後，以高
　　腳杯或合適的容器盛裝，放入冰箱冷藏。

4　食用前再以薄荷葉和水果裝飾。

〔 美味筆記 〕
Delicious notes
　　＊這個配方調整了甜度，吃起來爽口不甜膩，柔軟的杏仁豆腐加
　　　上可口的鮮奶油，有著高雅柔潤的味道。

宇治金時是京都聞名的傳統風味刨冰，
「金時豆」是日本品種的一種大紅豆，
「宇治」原是指京都宇治市周邊所產的抹茶，
現在宇治金時已泛指紅豆＋抹茶製作的甜點。
微苦抹茶與甘甜紅豆一起入口，滋味美妙！

宇治金時ブーリン

宇治金時布丁

材料

吉利丁片	8g	細砂糖	80g
冰水	80g	抹茶粉	4g
動物性鮮奶油	280g	熱水	20g
牛奶	280g	蜜紅豆	適量

作法

1 先將吉利丁片剪小塊，放入冰水裡泡軟。

2 動物性鮮奶油加入牛奶、細砂糖，以小火加熱至糖融化。

3 抹茶粉加熱水拌勻後，繼續加入①、②拌勻。

4 將吉利丁瀝乾水份後，放入③中拌勻成布丁液，熄火。

5 使用濾網過篩布丁液，放涼。

6 取適量蜜紅豆加入杯中，倒入布丁液放涼後，放入冰箱
   冷藏凝固即可。

夏天的花蓮盛產西瓜，買一顆總吃不完，
有時買到外觀很美的卻不一定甜，
有天突發奇想試著將西瓜做成果醬，
加一點檸檬和葡萄乾，吃來竟別有風味。

點心&甜點

Snack
&
dessert

スイカジャム
西瓜果醬

材料

西瓜果肉（含白肉）..... 700g	檸檬汁 .... 2 個
蘭姆酒葡萄乾 .... 少許	冰糖 120g
蜂蜜 60g	天然果膠粉 15g

作法

1　西瓜去皮切小丁，加冰糖放入鍋內煮 20 分鐘。

2　轉中火再煮 30 分鐘。

3　加入天然果膠粉熬煮 5 分鐘後，加檸檬汁和蜂蜜煮開，
　　再放入泡過蘭姆酒 1 小時的葡萄乾，煮沸時馬上裝瓶。

4　裝瓶後蓋上蓋子後，倒扣放入熱水中再煮 10 分鐘，即可
　　讓瓶內呈現真空狀態。

5　待涼後即可室溫保存。

〔 美味筆記 〕
Delicious notes
＊因無使用防腐劑，開封後一定要放冰箱冷藏，1個月內食用完。
記得每次都要用乾淨、乾燥的湯匙挖取。加一點在早餐盤裡爽
口解膩，也可淋在剉冰上吃。

小番茄盛產的季節，我會多買一點，
做成糖漬小番茄冰起來，要吃隨時有。
漬過的番茄少了新鮮番茄的生腥味，
冰鎮後吃冰涼爽口，甜中帶酸，
飯前開胃、飯後解膩，嘴饞時吃也好！

飾りトマト

糖漬小番茄

材料

小番茄 600g
砂糖 .... 適量

作法

1 將小番茄洗淨、去蒂頭

2 在小番茄底部劃十字刀，用熱開水汆燙約 30 秒，撈起泡冷水去皮。

3 煮一鍋糖水，甜度依個人喜好調整，我喜歡微甜即可。待糖水放涼後，放入去皮的小番茄。

4 置於冰箱泡漬 1 天入味，可當前菜或飯後水果，也可當擺盤的裝飾。

4

〔美味筆記〕　＊做好後放箱可保存5天左右。
Delicious notes

日式家庭野餐趣

帶著飯糰和小菜，我們踏青去！

近幾年台灣也流行起野餐的風潮，將準備好的各式食物帶到郊外享用，真的很愜意呢！在日本，野餐是一件很稀鬆平常的事，每到了櫻花季或賞楓季節，樹下滿滿是賞花的人潮，大家坐在樹下，邊賞花邊聊天，享用著自家製作的飯糰和可口小菜，人生最大的享受莫過於此！

日本原本就是吃冷食的民族，所以日式食物中有很多冷食都適合做成便當菜（日本便當不需加熱）也因此，每家的媽媽們都有自己的私房野餐料理。找個風和日麗的假日，帶著便當和家人一起去野餐吧，你會發現這是增進家人情感交流、不用花太多錢就能獲得極大樂趣的一種享受喔！

鮭魚飯糰

材料

鹽鮭 .... 1 片
紫蘇 ....6 片
白芝麻 .... 1 大匙
白飯 400g

作法

1　將鹽鮭去皮去骨搗碎。白芝麻乾炒至有香味。

2　將紫蘇切碎，用廚房紙巾擦乾水分。

3　將以上材料拌入熱白飯。

4　撕下一張保鮮膜放桌上，放入適量的③，捏成三角飯糰，完成。

海苔飯糰

材料

紫菜 ....4 片
鹽 .... 少許
白飯 400g
白芝麻 .... 1 大匙

作法

1　將紫菜、鹽、白芝麻放入塑膠袋揉碎。

2　將①撒入熱白飯拌勻，並依鮭魚飯糰步驟④做成三角飯糰，完成。

〔 美味筆記 〕
Delicious notes
＊飯糰是日本的國民食，方便攜帶的特性更是野餐首選。利用栗子飯或香鬆加入熱白飯裡，也能快速變化不同的口味。

鮮蝦生菜春捲

材料

糯米紙	4 張
蝦子	4 條
五花肉	100g
美生菜	4 片
小黃瓜	1 條
九層塔	少許
越南米粉	100g

蘸醬

魚露	4 大匙
蒜頭	2 顆
辣椒	1 支
檸檬	1 個
鹽	少許
水	4 大匙

作法

1　將蝦子燙熟冰鎮，去殼備用。

2　將五花肉燙熟切長條。小黃瓜切絲。

3　米粉燙熟，放涼備用。

4　將糯米紙潤濕，鋪上美生菜、小黃瓜絲、九層塔，再鋪上五花肉和蝦子，捲成春捲，蘸醬汁食用。

〔 美味筆記 〕
Delicious notes

＊糯米紙是越南春捲皮，在東南亞食材批發店或大賣場都可買到。這一道春捲，是我們伊万里民宿資深員工阿玉的得意料理，她是柬埔寨華僑，對東南亞風味的料理很拿手，每次與員工相偕出遊，總少不了酸甜好滋味的春捲！

火腿生菜三明治

材料

美乃滋	適量	乳酪片	4 片
火腿片	4 片	美生菜	8 片
吐司片	8 片		

作法

1　將美生菜洗淨濾乾。

2　將吐司片抹上美乃滋。

3　鋪上美生菜 2 片，乳酪片和火腿片，蓋上另一片已塗好一邊美乃滋，再對切成三角形。

〔美味筆記〕
Delicious notes
＊美乃滋最好用日本製造的，比較好吃、不膩。我很喜歡在野餐時吃三明治，加上一杯咖啡，坐在油綠綠的草皮上，優雅地吃完後小睡一會兒，有此享受夫負何求。

明太子法國麵包

材料

明太子	適量
美乃滋	適量
法國麵包片	8 片

作法

1　將美乃滋和明太子拌勻後，塗抹在法國麵包片。

2　放入烤箱烤脆，即完成。

清燙花椰菜、紅蘿蔔

作法

汆燙花椰菜和紅蘿蔔，一定要用冰水冰鎮 10 分鐘後撈起，用於野餐盒或便當配色，都會另菜色生輝。

各式常備菜

作法

將預先做好的各種小菜裝在豆皿內，看起來精緻美味，還有解膩的效果唷！

不必遠赴日本
就能體驗日式美食與住宿風情

撫慰人心の幸福料理

防水電子料理溫度計

防水設計
-10℃～300℃
溫度範圍

★防水構造設計。
★-10℃～300℃溫度測量範圍。
★自動斷電的節約能源設計。
★附安全針蓋。
★附壁掛環。

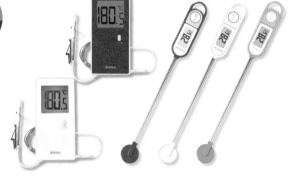

IH
瓦斯爐
電磁爐

味道鍋具系列

★導熱性強受熱均勻
★電磁爐/瓦斯爐皆可使用
★掛壁勾孔,收納更方便

電子鹽度計

7階段表示
LED燈顯示

★高血壓族群自我控制好幫手
★適合廚房烹調.醫院營養調配.學校教學.自助餐廳
★7個階段,LED燈顯示鹽的濃度
★附吊掛孔

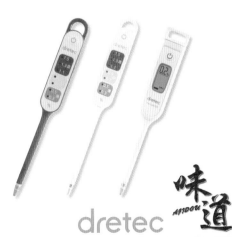

dretec　味道 AJIDOU

總代理 ｜ KOSMART
霖寶貿易有限公司

http://www.kosmart.com.tw/
http://www.dretec.com.tw/

前田太太の幸福料理

配方精準
步驟簡易
輕鬆完成

109道日式家常味

前田太太の幸福料理：配方精準×步驟簡易
×輕鬆完成109道日式家常味 / 王珠惠作.
-- 初版. -- 臺北市：尖端, 2015.09
　　面；　公分
ISBN 978-957-10-6109-2(平裝)
1.食譜
427.1　　　　　　　　　　　104012967

作　　　者》王珠惠
封面攝影》李汪勝
內頁攝影》李汪勝、吳東峻

發 行 人》黃鎮隆
協　　理》陳君平
資深主編》周于殷
美術總監》沙雲佩
封面設計》陳碧雲
版型設計》花月

出　　版》城邦文化事業股份有限公司　尖端出版
　　　　　台北市民生東路二段 141 號 10 樓
　　　　　電話／（02）2500-7600 傳真／（02）2500-1971
　　　　　讀者服務信箱：spp_books@mail2.spp.com.tw

發　　行》英屬蓋曼群島商家庭傳媒股份有限公司
　　　　　城邦分公司　尖端出版行銷業務部
　　　　　台北市民生東路二段 141 號 10 樓
　　　　　電話／（02)2500-7600
　　　　　傳真／（02)2500-1979
　　　　　劃撥專線／（03）312-4212
劃撥帳號》50003021 英屬蓋曼群島商家庭傳媒 (股) 公司城邦分公司
　　　　　※ 劃撥金額未滿 500 元，請加附掛號郵資 50 元

法律顧問》通律機構 台北市重慶南路二段 59 號 11 樓

台灣地區總經銷》
◎中彰投以北（含宜花東）高見文化行銷股份有限公司
　　電話／0800-055-365　傳真／（02）2668-6220
◎ 雲嘉以南　威信圖書有限公司
　　　　　（嘉義公司）電話／0800-028-028　傳真／（05）233-3863
　　　　　（高雄公司）電話／0800-028-028　傳真／（07）373-0087
馬新地區總經銷》
城邦（馬新）出版集團 Cite(M) Sdn. Bhd.(458372U)
電話：603-9057-8822　傳真：603-9057-6622
香港地區總經銷》
城邦 (香港) 出版集團 Cite(H.K.)Publishing Group Limited
電話：2508-6231 傳真：2578-9337
E-mail：hkcite@biznetvigator.com

版次》2015 年 10 月初版　Printed in Taiwan
ISBN》9789571061092